KB057874

강아지 영양학 사전

AIKEN NO TAME NO SHOUJOU· MOKUTEKI BETSU EIYOU JITEN

Original Japanese edition published by KODANSHA LTD.

Korean publishing rights arranged with KODANSHA LTD. through BC Agency

강아지 영양학 사전

애견의 질병 치료를 위한 음식과 영양소 해설

스사키 야스히코 지음 | 박재영 옮김

보누스

수제 음식에 대한 기초 지식

POINT 1 증상과 목적에 맞는 영양식을 주자!

유견기부터 노견기까지 시기별 추천 식단을 실었습니다. 병에 좋은 영양소부터 식재료별 영양소, 영양소의 효능까지 알기 쉽게 소개합니다. 애견의 병을 발견할 수 있는 신호 체크리스트(71쪽)도 확인해보세요.

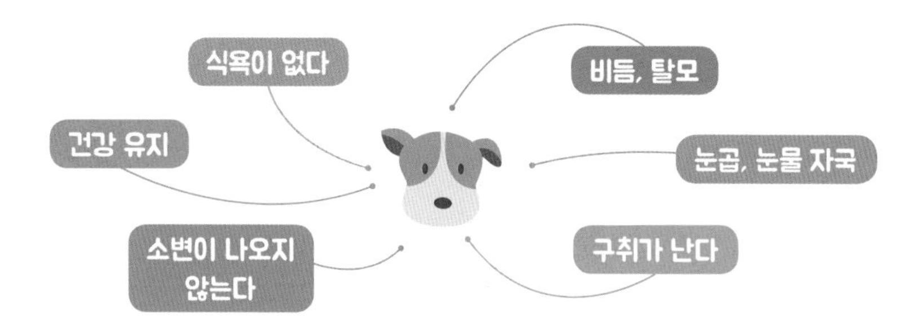

POINT 2 수제 음식으로 영양 균형을 맞춘다

사람이 '1인 1일 영양소 섭취기준'대로 정해진 영양소를 반드시 다 먹지 않아도 괜찮은 것처럼 애견도 여러 음식을 골고루 먹기만 하면 영양 균형을 맞출 수 있습니다. 아래 비율을 잘 기억해두세요!

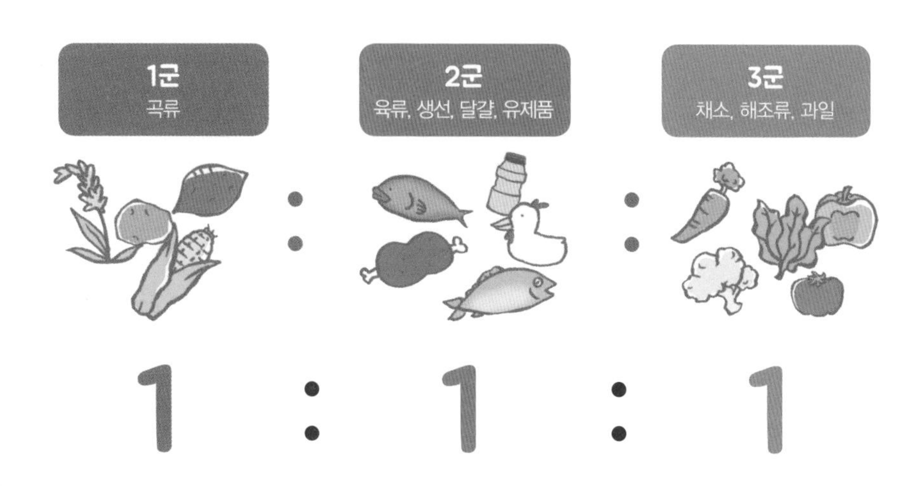

증상·목적별 필수영양소

건강을 유지하는 데 필요한 영양소

유견(생후~5개월)	체격을 형성하는 단백질, 뼈와 치아의 주성분인 칼슘
모견(임신기, 수유기)	뼈와 치아의 주성분인 칼슘
성견 (소형견:약 8개월~10세, 대형견:약 2세~6세)	식재료표의 1군, 2군, 3군을 1 : 1 : 1로 균형 있게 섭취한다.
노견 (소형견:약 10세~12세, 대형견:약 7세~)	면역력과 효소 반응을 정상으로 유지하는 비타민, 미네랄
운동량이 많은 개 (어질리티 경기견 등)	근육 생성의 주성분인 단백질, 항스트레스 효과로 튼튼한 몸을 만드는 비타민A, 비타민B6, 비타민C, 비타민E

증상을 개선하는 데 필요한 영양소

구내염, 치주 질환	세균에 감염되지 않도록 점막을 강화하는 비타민A, 몸 전체의 기능을 강화하는 비타민B군
세균, 바이러스, 진균증	점막을 강화하는 비타민A, 항산화 작용을 하는 비타민C, 감염증을 예방하는 DHA와 EPA
배설 불량	배설을 촉진하는 이눌린과 사포닌, 간 기능을 강화하는 타우린, 항산화물질인 안토시아닌(폴리페놀의 일종)
아토피 피부염, 알레르기성 피부염	항산화물질인 글루타티온, 체내에서 병원체를 제거하는 데 도움이 되는 DHA와 EPA, 간 기능을 강화하는 타우린
암, 종양	면역력을 높이는 비타민과 미네랄, 병원체 제거에 효과적인 DHA와 EPA, 유해물질을 배출하는 식이섬유
방광염, 요로결석	병원체의 침입을 예방하는 비타민A, 방광의 점막을 강화하는 비타민C, 면역 기능을 돕는 DHA와 EPA
소화기 질환, 장염	위 점막을 보호하는 비타민A, 점막을 회복시키는 비타민U, 장을 깨끗하게 하는 식이섬유
간 질환	간 재생을 촉진하는 양질의 단백질
신장병	단백질 섭취 제한 시 좋은 식물성 단백질, 체내에서 병원체를 제거하는 데 도움이 되는 DHA와 EPA, 항산화물질 아스타잔틴
비만	에너지 대사를 돕는 비타민B1과 비타민B2, 다이어트 효과를 기대할 수 있는 구연산, 체내에 남아 있는 당질과 지방의 배출을 촉진하는 식이섬유
관절염	필수 아미노산을 균형 있게 함유한 동물성 단백질, 관절이 부드럽게 움직이는 것을 돕는 콘드로이틴, 뼈의 회복을 촉진하는 글루코사민
당뇨병	체내의 노폐물을 흡착해서 배설을 촉진하는 식이섬유
심장병	혈중 지질 농도를 낮추는 수용성 식이섬유, 혈액순환을 좋게 하는 EPA
백내장	항산화물질이자 시력 저하를 억제하는 데 도움이 되는 비타민C
외이염	이뇨 작용을 하는 칼륨
벼룩, 진드기, 외부기생충	이뇨 작용을 하는 칼륨

필요한 영양소는
챙겨주고 노폐물은
배출시키자!

건더기를 많이 넣은 채소죽이 기본입니다

식재료표를 참고해서 만들어봅시다!

➔ 여러 가지 식재료를 먹을 수 있는 크기로 썰어서 푹 끓이면 끝!

수제 음식의 기본

고기, 채소, 곡물 등 여러 가지 식재료를 개가 쉽게 삼킬 수 있는 크기로 썰어서 끓인 채소죽 또는 국밥이 기본입니다.

간혹 '밥이나 채소만으로는 단백질을 섭취할 수 없다'고 하는 분도 있는데, 밥과 채소에도 단백질은 들어 있습니다. 실제로 알레르기 등으로 육류나 생선을 먹지 못하는 개들도 있습니다. 채식으로 몸 상태가 나빠진 경우는 없으며 매우 건강하게 살아가고 있습니다.

식재료표 활용법

식재료를 선택할 때는 단순하게 생각합시다. 오른쪽에 있는 표는 식재료를 1~3군으로 분류한 표입니다. 식재료표를 기준으로 음식을 만들어보세요. 냉장고에 있거나 마트에서 할인하는 재료로 간단하게 만들 수 있습니다.

애견이 먹다 남길 때도 있으니 분량을 엄밀히 측정할 필요는 없습니다. 너무 어렵게 생각하지 말고 일단 시작해보세요!

수제 음식 = 3군 + α + 물

+α : 풍미

육수(육류 및 생선을 끓인 국물, 가다랑어 국물, 다시마 국물 등), 말린 멸치, 가다랑어가루, 뱅어포

1군 : 곡류

백미, 현미, 오곡, 우동, 메밀국수, 율무, 고구마

+α : 유지류

올리브유, 식물성 기름(옥수수유, 카놀라유), 참기름, 닭 껍질 기름

3군 : 채소, 해조류

시금치, 당근, 우엉, 무, 오이, 토마토, 감자, 고구마, 호박, 파프리카, 콜리플라워, 브로콜리, 양배추, 가지, 표고버섯, 팽이버섯, 말린 표고버섯, 다시마, 미역, 톳, 낫토, 두부, 팥, 콩

2군 : 육류, 생선, 달걀, 유제품

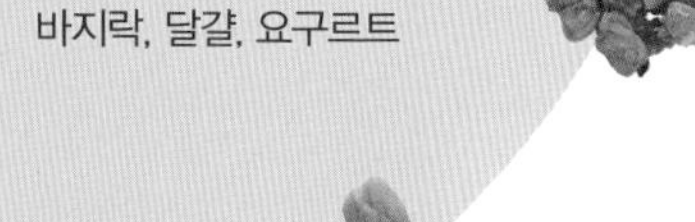

소고기, 돼지고기, 닭고기, 간, 흰 살 생선, 등푸른생선, 붉은 살 생선, 재첩, 바지락, 달걀, 요구르트

기본 채소죽 레시피

| 만드는 방법 |

1. 냄비에 먹기 좋은 크기로 썬 당근, 브로콜리, 호박, 표고버섯, 시금치, 닭고기를 넣는다.
2. 밥(백미 또는 현미)을 넣고, 육수를 낼 가다랑어가루를 조금 넣는다.
3. 건더기가 잠길 정도로 물을 붓고 끓인다.
4. 재료가 다 익으면 불을 끄고 참기름을 넣어 풍미를 더한다.
5. 죽이 식으면 그릇에 담고 가다랑어가루를 뿌리면 완성.

1군 곡류

애견 건강의 바탕이 되는 에너지원 끼니마다 다양하게 챙겨주자!

곡류는 수제 음식의 기초입니다. 집에 있는 밥을 활용하세요. 첨가물이 많이 들어간 빵은 좋지 않아요!

쌀이나 면도 좋지만
영양이 풍부한
잡곡도 챙겨주자!

백미

가장 쉽게 구할 수 있는 재료로 죽이나 국밥, 볶음밥 등 모든 음식에 사용할 수 있습니다. 찬밥이라도 상관없습니다.

현미

쌀겨 층에 비타민이 풍부합니다. 건강의 원천인 비타민B1, 물질대사에 필수적인 비타민B2, 혈관을 강화하는 비타민D, 노화를 방지하는 비타민E 등이 함유되어 있습니다.

메밀국수

메밀국수 특유의 영양소인 루틴은 비타민C와 함께 작용해서 모세혈관을 한층 더 튼튼하게 합니다. 또한 영양가가 높으면서도 저칼로리입니다. 자주 활용합시다.

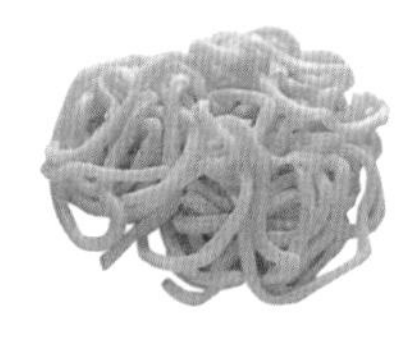

우동

부드러워서 먹이기 좋은 식재료입니다. 다시마나 멸치 육수로 만든 우동은 개도 매우 좋아합니다. 면의 길이가 조금 길어도 알아서 잘 씹어먹으므로 안심해도 됩니다.

피

곡물 알레르기를 잘 유발하지 않는 식재료입니다. 식이섬유가 풍부해서 혈당 및 콜레스테롤 수치가 안 좋은 개에게 추천합니다.

수수

곡물 중 가장 칼로리가 낮고 섬유질과 단백질도 많은 식재료입니다. 비타민B군이 풍부해서 튼튼한 체력을 만드는 데 좋습니다.

조

간 기능을 돕고, 근육을 강화시켜 주목을 받는 식재료입니다. 비타민B군이 풍부합니다. 저칼로리라서 다이어트 효과도 기대할 수 있습니다.

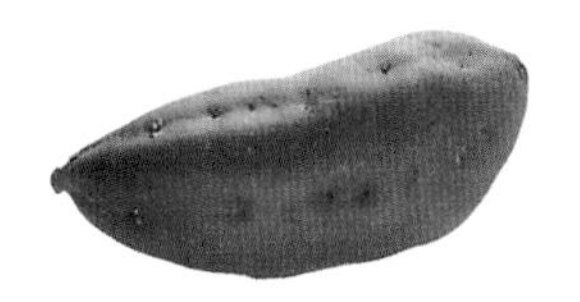

고구마

식이섬유가 풍부해서 배변 활동에 효과적이며, 특히 위가 약한 개에게 추천하는 식재료입니다. 전자레인지로 익히는 것보다 시간이 들더라도 쪄야 단맛이 강해집니다.

파스타

씹는 식감이 좋아서 많은 개들이 좋아합니다. 염분을 빼고 줄 수 있으므로 걱정할 필요가 없습니다. 종류가 다양하니 개가 좋아하는 것으로 주면 됩니다.

보리

셀레늄 및 폴리페놀 같은 성분을 포함하며 동맥경화와 암 예방 효과를 기대할 수 있습니다. 소화불량, 변비에도 좋은 식재료입니다.

Dr. 스사키의 핵심 조언

음식을 직접 만들 때 물 분량을 걱정하는 사람이 많습니다. 몸의 독소 배출을 도우려면 재료가 잠길 정도로 물을 넣어주세요. 직접 만든 음식은 볶음밥이라도 건식 사료와 비교하면 수분이 몇 배나 많이 함유되어 있으니 걱정할 필요가 없습니다. 볶음밥부터 국밥까지 다양한 요리를 만들어 봅시다.

2군 육류, 생선, 달걀, 유제품

튼튼한 몸을 만드는 동물성 단백질
애견이 가장 좋아하는 음식으로 건강하게!

개는 대부분 육류나 생선을 좋아합니다. 풍부한 단백질이 튼튼한 몸을 만들어주므로 특히 성장기에는 많이 챙겨줍시다.

다이어트 중에는 닭고기나 흰 살 생선을 먹이자!

소고기

붉은 살에는 헴철과 아연이 풍부합니다. 빈혈, 허약 체질 등을 개선할 수 있습니다. 피로 해소, 상처 치유에도 좋습니다.

닭고기

부드럽고 지방질이 적으며 소화 흡수율이 95%로 높은 식재료입니다. 지방질을 함유한 껍질을 제거하면 다이어트 중에 섭취할 단백질원으로도 좋습니다.

돼지고기

피로 해소와 성장 촉진에 좋은 비타민B1과 지질대사에 돕는 비타민B2, 식욕 부진을 개선하는 나이아신이 풍부합니다. 가열 조리를 해야 안전합니다.

간

철분과 비타민A가 풍부한 식재료입니다. 참고로 비타민A의 함유량은 소고기, 돼지고기보다 닭고기가 더 많습니다. 면역력도 높여줍니다. 빈혈이 걱정되면 자주 먹입시다.

코티지치즈

탈지유 또는 탈지분유를 굳혀서 수분을 짜기만 하고 숙성하지 않아 신선한 치즈입니다. 다이어트 식품으로 인기 있는 식재료입니다.

흰 살 생선

지방분이 적어서 닭고기와 마찬가지로 다이어트 중에 먹이면 좋은 단백질원입니다. 부드럽고 소화 흡수율도 높아서 젖뗄 시기의 강아지에게 먹이면 좋은 식재료입니다.

연어

연어의 붉은 살에는 항산화 작용을 하는 성분인 아스타잔틴이 함유되어 있습니다. 혈관의 건강과 백내장 예방에도 효과적입니다.

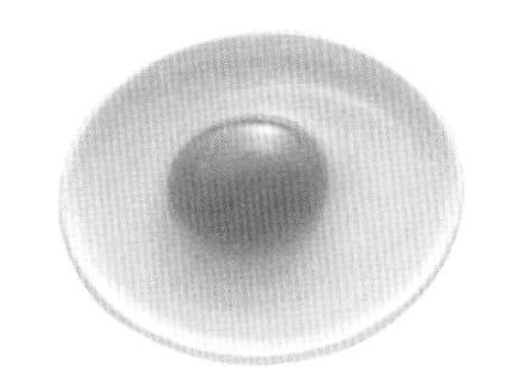

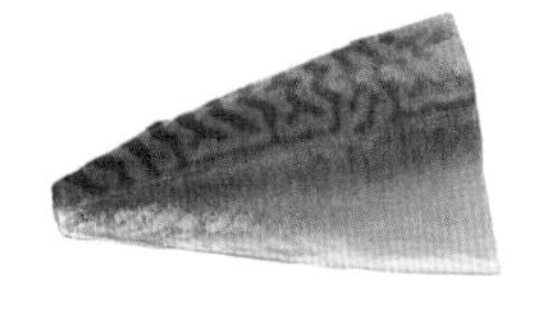

달걀

비타민C와 식이섬유를 제외한 영양소 대부분을 포함하며 특히 비타민A, 비타민B2, 비타민D가 풍부합니다. 갈색 달걀과 흰색 달걀은 닭의 품종에 따른 차이로 영양가는 같습니다.

조개류

바지락이나 재첩에는 타우린이 많아서 간 기능 강화 및 혈중 콜레스테롤 수치 저하에 효과적입니다. 또한 재첩은 빈혈도 예방합니다.

등푸른생선

불포화지방산인 DHA와 EPA가 풍부해서 혈액과 혈관을 건강하게 만듭니다. 싱싱한 생선을 먹여야 합니다.

Dr. 스사키의 핵심 조언

애견에게 생선회 같은 날생선을 주면 안 된다는 사람이 많습니다. 하지만 사람이 날로 먹어도 문제가 없다면 개 역시 먹어도 괜찮습니다. 이를테면 참치는 단백질 함유량이 26%로 생선 중에서 가장 많으며 노화를 방지하는 셀레늄도 함유되어 있습니다. 개에게 좋은 성분이 많습니다. 기생충 등 위생에 신경 써서 먹여주세요.

3군 채소, 해조류

체내 균형을 조절한다
영양가 높은 음식으로 건강을 회복시키자!

건강한 식재료라고 하면 채소와 해조류를 가장 먼저 떠올릴 것입니다. 채소와 해조류는 몸의 노폐물을 배출하거나 면역력을 높이는 등 다양한 효과가 있습니다.

질병 예방에 효과적인 성분이 풍부하다! 날마다 듬뿍 먹이자

브로콜리

항암 작용을 하는 설포라판과 인슐린 분비를 촉진하는 크롬을 함유하고 있어서 당뇨병을 예방하는 효과가 있습니다.

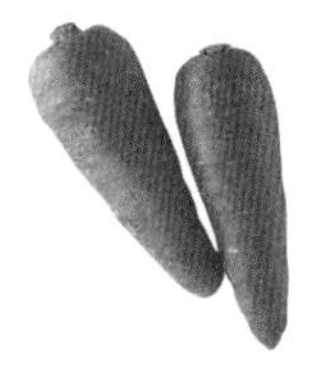

당근

항산화 능력이 강한 알파카로틴과 베타카로틴이 풍부해서 생활습관병 예방에 좋습니다. 달고 씹는 맛이 있어서 개들이 좋아합니다.

버섯

면역력을 높이는 베타글루칸 같은 다당류가 들어 있습니다. 푸드 프로세서 등으로 잘게 썰어서 푹 끓인 다음 먹이세요.

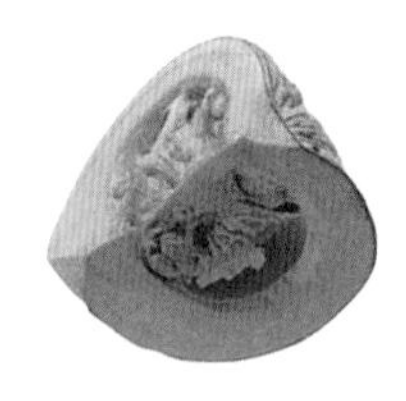

호박

3대 항산화 비타민인 베타카로틴, 비타민C, 비타민E가 풍부합니다. 혈액순환을 촉진하고 세포 재생 및 중금속 배출에도 좋습니다.

콩

아미노산을 골고루 함유한 양질의 단백질입니다. 콩의 이소플라본에는 암을 예방하는 효과도 있습니다.

두부

단백질은 두부, 비타민은 연두부에 풍부합니다. 콩 제품 중에서 가장 소화가 잘되고 수분이 풍부합니다.

시금치

베타카로틴과 비타민C, 철 등이 풍부해서 감염증 및 빈혈 치료에 좋습니다. 비타민E를 함유한 식품과 함께 섭취하면 암 예방에 더욱 좋습니다.

톳

해조류 중에서 칼슘이 가장 많습니다. 버섯에 함유된 베타글루칸처럼 해조류의 후코이단은 면역력을 강화하는 성분의 작용을 돕습니다.

다시마

미끈미끈한 식감은 수용성 식이섬유인 알긴산과 후코이단 때문입니다. 항암, 항균 작용이 있으며 생활습관병 예방에도 좋습니다.

파프리카

녹색 파프리카는 완전히 익으면 빨간색과 노란색으로 변합니다. 단맛이 있고 영양가도 높으며, 항산화물질의 작용으로 피부 및 점막의 저항력을 강화합니다.

Dr. 스사키의 핵심 조언

해조류는 칼슘 공급원으로서 매우 유용하지만, 자르지 않은 상태로 먹이면 몸이 성분을 흡수하기 어렵습니다. 최대한 잘게 다져서 보글보글 끓여주세요. 물에 용해되는 성분이 있기 때문에 국물을 꼭 먹여야 합니다.

+α 유지류

수제 음식에 빠져서는 안 될 기름을 모았다
풍미를 더해 입맛을 돋운다!

날마다 만드는 음식에 풍미를 더하는 기름이 빠질 수 없습니다. 가열 조리할 때는 쉽게 산화되지 않고 건강에 좋은 식물성 기름을 이용합시다.

영양가 높은 기름으로 균형을 맞춘다! 마지막에 뿌려 입맛을 돋우자

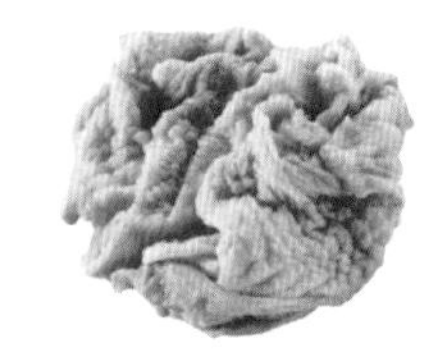

닭 껍질 기름

표면이 살짝 탈 정도로 볶으면 훨씬 맛있는 냄새가 납니다. 식욕을 돋울 때 사용하는 비장의 카드로 기억해둡시다.

올리브유

산화 안정성이 우수합니다. 암과 당뇨병, 변비 예방에 좋습니다. 자주 활용해보세요.

참기름

고소한 향이 특징이며 올레산과 리놀레산이 풍부합니다. 세사민 같은 강력한 항산화물질이 작용해서 간 기능 강화에도 효과적입니다.

옥수수유

옥수수 배아를 짜낸 기름은 잘 산화되지 않으며 가열에 강한 특징이 있습니다. 옥수수유의 60%가 리놀레산, 25%는 올레산입니다.

카놀라유

카놀라종의 유채 씨를 짜낸 기름으로, 골다공증을 예방하는 비타민K를 함유합니다. 유지류 중에서 포화지방산이 가장 적습니다.

+α 풍미

수분 보충의 일등 공신, 국물을 더 맛있게 만든다 영양 흡수율도 높아진다!

수제 음식은 사료보다 수분이 많은 것이 특징입니다. 음식의 기본 바탕이 되는 육수가 중요합니다. 시간과 정성을 들여서 애견의 입맛을 돋우는 국물을 만들어봅시다.

식욕을 자극하는 맛있는 향이 난다! 풍부한 수분으로 소화를 돕자

말린 멸치

칼슘과 철분이 풍부합니다. 염분이 신경 쓰이겠지만 수분이 충분하면 적정량을 넘는 염분은 배출되니 안심하세요.

뱅어포

애견이 좋아하는 냄새가 납니다. 가장 간단하고 쉽게 사용할 수 있는 육수 재료입니다. 넉넉하게 사용해서 칼슘을 보충해 주세요.

가다랑어가루

감칠맛을 내는 이노신산이 들어 있고, DHA와 EPA도 풍부합니다. 가다랑어포와 가다랑어가루 어느 쪽을 사용하든 개는 좋아할 겁니다.

명주다시마

맛을 더할 뿐만 아니라 토핑으로 사용할 때도 편리합니다. 곡류나 채소를 깜빡 잊고 넣지 않았을 때 대신 넣으면 좋습니다. 평소에 준비해두세요.

잔새우

타우린이 풍부해 간 기능 강화에 효과적입니다. 붉은 색소인 아스타잔틴은 면역력을 강화하며 암 및 노화 방지에 좋습니다.

체질을 개선하자

수제 음식으로 건강한 몸을 되찾을 수 있다

잦은 병치레에 시달리던 애견이 눈에 띄게 건강해졌다!

→ 한 달이면 변하고, 반년이면 체험담을 쓸 수 있다!

체질 개선의 비결은 배설!

수제 음식을 추천하기 시작한 무렵에는 식재료를 정확한 분량만 사용하도록 엄격하게 지도했으나 반려인 대부분이 힘들어했습니다. 그대로 따라하는 분이 적었지요. 그런데 오히려 눈대중으로 만들어도 많은 애견이 건강해졌습니다. 분량보다 꾸준히 먹이는 게 더 중요했기 때문입니다.

그렇다면 수제 음식과 사료의 큰 차이점은 무엇일까요? 바로 수분량입니다. 체질 개선의 비결은 배설입니다. 수분 보충으로 배설을 원활하게 해서 몸속 노폐물을 배출시키는 것입니다.

조바심 내지 말고 꾸준히 하자

일단 수제 음식으로 식단을 바꾸면 보통 한 달 만에 변화가 나타납니다. 변화로 자신감이 생기고 석 달이면 건강해진다는 확신을 가지며, 반년이 지날 무렵에는 체험담을 쓸 수 있을 것입니다.

당연히 개마다 차이는 있습니다. 대사가 좋을수록 변화가 바로 나타나지만 노견이나 몸이 차가운 체질인 개는 시간이 좀 더 필요합니다. 지금까지 몸에 안 좋은 독소 등이 얼마나 많이 쌓였느냐에 따라 달라지므로 조바심 내지 말고 꾸준히 실천해 봅시다.

case 1

하세가와 씨의 반려견 마이키

알레르기성 피부염

왜 수제 음식을 먹이기 시작했나요?

마이키(퍼그. 3세)가 한창 알레르기성 피부염으로 고생할 때 좋은 방법이 없나 찾다가 스사키 선생님의 홈페이지와 책에서 수제 음식 레시피를 봤습니다. 노견 강좌에서도 수제 음식을 배운 적이 있어서 바로 만들기 시작했습니다.

식재료 중에서 주의한 것이 있나요?

우선 알레르기 검사를 받아서 문제가 되는 성분을 알아냈습니다. 그 성분이 없는 식재료를 사용하도록 조심하면서 천천히 수제 음식으로 바꿨습니다.

어떻게 변했나요?

거칠거칠하던 피부가 점점 깨끗해졌습니다. 3개월이 지나자 가려움이 사라지고 검붉었던 피부도 분홍색으로 돌아왔습니다. 피부뿐만 아니라 눈물 자국이 있던 눈 밑도 깨끗해졌습니다.

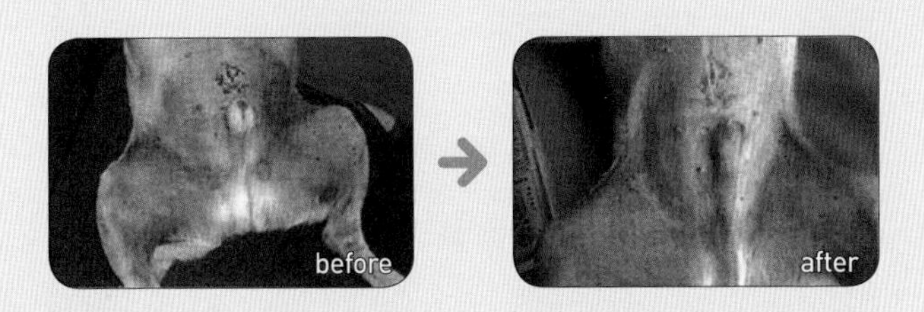

소감 한 마디

처음에는 음식으로 괜찮아질지 걱정이 되었는데 수제 음식의 효과가 예상한 것보다 훨씬 빠르고 확실하게 나타나서 깜짝 놀랐습니다. 음식을 직접 만들어 먹이기를 잘했습니다. 앞으로도 계속해서 만들어주려고 합니다. 정말로 감사합니다.

case 2

쓰루오카 씨의 반려견 곤타

배설 불량

왜 수제 음식을 먹이기 시작했나요?

펫시터로 일하면서 강아지 때부터 보살펴온 곤타(래브라도레트리버)는 발가락 사이에 염증이 생겨서 2년 넘게 병원에 다녔습니다. 하지만 나아지지 않아서 다른 방법을 찾다가 수제 음식을 먹이기 시작했습니다.

식재료 중에서 주의한 것이 있나요?

최대한 국내산(일본) 재료를 사용하고 있습니다. 처음에는 뭐든지 환산표(37쪽 참조)에 딱 맞게 주려고 고집했으나, 개에 따라 좋아하는 음식과 상태에 따라 먹여야 할 분량의 차이가 있다는 것을 깨닫고 곤타에게 맞춰서 주려고 신경 쓰고 있습니다.

어떻게 변했나요?

3개월 정도 지났을 무렵, 털이 빠졌던 부분에서 솜털이 자라기 시작했습니다. 매우 감동적이고 기뻤습니다. 이후 털이 계속해서 자라났고, 6개월 뒤에는 털이 완전히 자랐습니다.

소감 한 마디

완치 후 곤타와 함께 동물병원에 갔더니 오히려 병원에서 "어떤 방법으로 완치되었나요?"라며 물어봤습니다. 곤타는 벌써 열 살을 바라보는 나이지만 병치레 없이 건강하게 지내고 있습니다. 앞으로도 수제 음식을 먹이려고 합니다.

알레르기성 피부염에 좋은 레시피

1. 냄비에 물을 붓고 잘게 다진 다시마를 넣은 뒤 끓여서 육수를 낸다.
2. 연어, 우엉, 소송채, 당근, 무를 먹기 좋은 크기로 썬다.
3. 1을 끓인 다음 2를 넣고 부드러워질 때까지 푹 끓인다.
4. 그릇에 밥을 담고 그 위에 식힌 3을 붓는다.
5. 마지막으로 참기름 1티스푼을 뿌려 풍미를 더하면 완성.

배설 불량에 좋은 레시피

1. 냄비에 물을 붓고 닭고기와 말린 멸치를 넣은 뒤 끓여서 육수를 낸다.
2. 고구마(또는 감자), 곤약, 표고버섯, 톳, 낫토, 미역, 피망, 당근, 무(무청 포함), 1의 닭고기를 푸드 프로세서로 잘게 다진다.
3. 2와 오분도쌀(쌀겨 층의 절반만 벗겨 쌀눈이 남아 있도록 도정한 쌀)을 1에 넣어 함께 푹 끓인다.
4. 마지막으로 엑스트라 버진 올리브유 1티스푼을 뿌려 풍미를 더하면 완성.

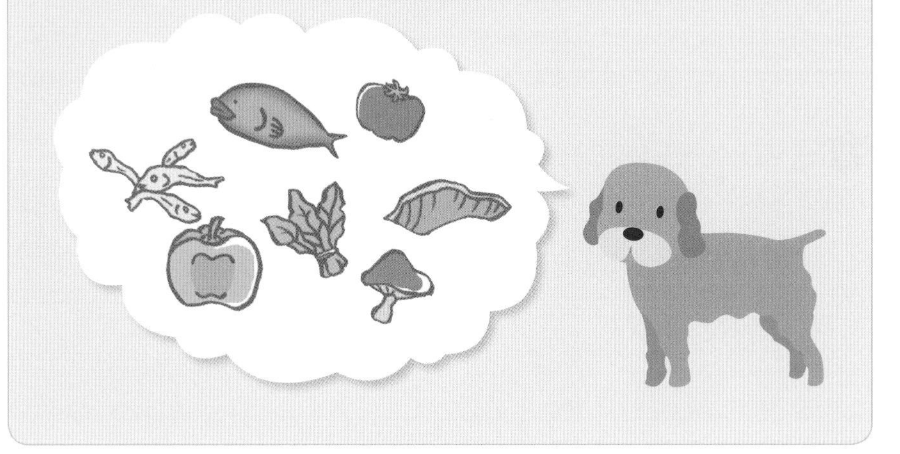

소금, 미네랄워터는 병을 일으킨다?

음식에 관한 첫 번째 오해를 알아봅시다!

→ 개에게 염분이 안 좋다는 말을 자주 듣습니다. 염분이 개한테 나쁘기만 할까요? 소문을 검증해봤습니다.

Q 개가 짠 음식이나 소금을 먹으면 신장병에 걸리나요?

A 충분한 수분만 섭취하면 소금을 걱정할 필요가 전혀 없습니다.

음식에 관한 오해 중 가장 대표적인 것은 '개에게 소금을 주면 안 된다'는 소문입니다. 반려인 대부분은 그 소문을 굳게 믿는데, 이는 틀린 정보입니다. 개는 염분을 섭취해도 되는 동물로 수분을 충분히 섭취한다면 염분의 양은 문제되지 않습니다.

또한 '염분이 많으면 신장에 부담이 간다'고 주장하는 분도 많은데, 몸에 수분만 충분하다면 적정량 이상의 염분은 배출되어 체내에 남지 않습니다. 마찬가지로 '땀샘이 발바닥에만 있으므로 염분이 필요 없다'는 말도 틀린 정보입니다. 신장병 때문에 나트륨을 배출하지 못할 때를 제외하면 염분을 줄일 필요가 없습니다.

최근에는 오히려 염분을 섭취하지 못해 활력을 잃은 개가 종종 눈에 띄는데, 적절한 염분을 주면 몸에 생기가 돌아 기운을 회복하는 개도 많습니다. 사람과 마찬가지로 너무 짜게 먹지 않는다면 문제될 것이 없는 것이지요. 많은 반려견에게서 확인한 사실입니다.

Q

개가 미네랄워터를 마시면 몸에 결석이 생기나요?

A 미네랄 성분이 많아도 결석증과는 관계없습니다.

천연 미네랄을 10배 더 넣었다는 둥 프리미엄 워터라는 둥 몸에 좋다는 성분을 첨가한 물의 인기가 많아졌습니다. 그만큼 물에 집착하는 사람이 늘고 있습니다. 애견에게도 비싸지만 특별한 효능이 있는 물을 먹이는 반려인도 많습니다.

한편 반려인 사이에서 '개가 미네랄워터를 먹으면 결석증에 걸린다'는 소문이 퍼지고 있습니다. 만일 그 소문이 사실이라면 중국이나 프랑스처럼 원래 경수 지역에 사는 사람이나 동물은 모두 결석증을 앓을 것입니다. 따라서 있을 수 없는 이야기라고 해도 좋습니다.

하지만 결석증에 걸린 개에게는 과다한 미네랄이 병을 악화시킬 수 있으므로 반드시 주의해야 합니다. 참고로 결석증의 원인은 대부분 감염증 때문입니다. 즉 방광이나 신장에 염증이 발생해서 돌이 생기는 것입니다. 따라서 평소에 감염증을 예방한다면 결석증에 걸릴 확률도 적어집니다.

또한 '물을 끓여서 식히면 유효성분이 사라진다'는 말도 자주 듣는데, 이것도 단순히 끓이기만 하면 염소가 빠질 뿐, 물의 기본적인 성분은 변함없습니다.

사람이 마셨을 때 맛있다고 느끼는 물이라면 개에게 먹여도 괜찮습니다. 정수기 물이나 미네랄워터 등을 먹여도 됩니다. 확실하지 않은 소문에 대해서 심각하게 생각하기 전에 원인이 무엇인지 찾아봅시다.

Dr. 스사키의 핵심 조언

"우리 개는 카페오레를 좋아해서 큰일이에요."라는 고민도 자주 의뢰받는 내용입니다. 개가 어쩌다 한 번 먹는 건 괜찮습니다. 하지만 커피를 마시면 잠을 못 자는 사람이 있듯이 개도 흥분하거나 잠을 못 잘 수도 있습니다. 그럴 때는 안 주는 것이 좋겠지요. 이러한 기호품은 기본적으로 몸에 불필요한 성분이라는 사실을 알아두세요.

단것이나 쌀을 먹으면 위험하다?

음식에 관한 두 번째 오해를 알아봅시다!

→ 쌀이 개에게는 암의 원인이 된다는 소문이 있습니다. 또 단것이 위험하다는 소문도 있습니다. 왜 위험하다고 하는지, 무엇을 조심해야 하는지 살펴봅시다.

Q 개는 잡식성인데 왜 단것을 먹으면 안 되나요?

A 단것은 열량을 잘 따져서 매일같이 먹이지 않으면 괜찮습니다.

개는 원래 단것을 무척 좋아해서 한번 과자 맛에 길들여지면 밥을 안 먹고 과자만 먹으려고 합니다. 따라서 과자를 매일 주는 것은 좋지 않습니다.

그렇다고 해서 한입도 먹이면 안 된다는 말은 아닙니다. 종종 "잠깐 한눈판 사이에 우리 개가 과자를 먹어버렸어요."라며 병원에 뛰어오는 반려인이 있습니다. 개는 사람보다 잡식성이 더 강한 동물입니다. 건강한 개라면 1년에 몇 번 먹는 정도로는 전혀 문제가 되지 않기 때문에 걱정할 필요가 없습니다. 때로는 여행지에서 소프트 아이스크림을 주거나 생일 때 케이크를 먹여도 괜찮습니다.

단, 비만을 예방하기 위해 과도한 칼로리 섭취는 조심해야 합니다. 과자를 줬을 때는 평소보다 운동량을 늘려서 열량을 조절해주세요.

Q

개가 쌀을 먹으면 암에 걸린다고 하던데 진짜인가요?

A **쌀은 암의 원인이 아닙니다.**

개가 쌀을 먹으면 암에 걸린다는 소문이 있습니다. 왜 이런 소문이 퍼졌는지 간단히 살펴보겠습니다.

보통 세포는 당질과 지질을 에너지원으로 합니다. 어떤 이유인지 아직 밝혀지진 않았지만 암세포는 당질만 에너지로 삼습니다. 따라서 암세포를 없애려면 그 영양원인 당분을 공급하지 않으면 된다고 생각하는 것 같습니다.

그러나 실제로 암은 당분 공급이 중지되면 근육을 분해해서 당으로 바꾸려고 하기 때문에 암 환자는 체력이 떨어지고 저혈당으로 쓰러지며 점점 야위게 됩니다.

즉 몸의 건강을 유지하는 데 당질이 매우 중요한 것이지요. '고기만 먹이자'는 주장도 있는데, 이는 터무니없는 이야기입니다. 설령 고기를 먹더라도 암세포는 체내에서 고기를 당으로 분해하므로 의미가 없습니다. 또 지방이 지나치게 많아서 균형이 무너진 식사는 좋지 않습니다.

예전부터 사람들에게 쌀은 식생활의 주였으나 암으로 죽은 사람이 현재만큼 많지 않았습니다. 이런 사실을 보더라도 당질이 풍부하다고 해서 쌀이 암의 원인이라고 하는 지적은 분명히 잘못됐습니다.

Dr. 스사키의 핵심 조언

반려인 중에는 '개에게 우유를 주면 안 된다'고 철석같이 믿는 분도 많습니다. 우유를 마시면 설사를 하는 사람이 있듯이 우유가 체질에 맞지 않는 개도 있을 수 있지만, 모든 개가 그렇다고 할 수는 없습니다. 만일 애견에게 맞지 않는다면 먹이지 않으면 됩니다.

시금치, 자일리톨을 먹으면 위험하다?

음식에 관한 세 번째 오해를 알아봅시다!

→ 건강에 좋다는 음식도 개에게는 좋지 않다는 소문이 있습니다. 시금치와 자일리톨은 어떨까요?

개가 시금치를 먹으면 결석이 생긴다고 하던데 진짜인가요?

A 일반적인 음식에 사용하는 양이라면 전혀 문제되지 않습니다.

시금치는 떫은맛의 원료인 옥살산(수산) 성분이 들어 있습니다. 옥살산은 칼슘이온과 결합해 수산화칼슘이 됩니다. 수산화칼슘은 입 점막을 자극하고 칼슘의 흡수를 방해합니다. 이 수산화칼슘이 몸속에 축적되면 결석이 생길 수 있다고 합니다.

하지만 문제는 양입니다. 쥐로 실험한 결과, 사람에게 결석 증상이 나타나려면 시금치를 하루에 적어도 양동이로 두 통씩 계속 먹어야 합니다. 개도 자기 체중만큼 또는 더 많은 양의 시금치를 먹어야 하는 것이지요.

개가 자일리톨을 먹으면 간 질환에 걸릴 위험이 커지나요?

A 자일리톨 그 자체보다 양의 문제입니다.

여러 논란이 있었던 자일리톨도 시금치와 마찬가지입니다. 자일리톨이 사람의 몸에서는 문제가 없지만, 개의 몸에서는 췌장의 인슐린 분비를 자극해 심하면 간손상 등 간 질환을 일으킬 수 있다고 합니다. 그러나 증상이 나타나려면 체중 25kg의 개가 자일리톨을 500g이나 먹어야 합니다. 그렇게 많은 양을 개에게 먹이기도, 개가 먹기도 어렵습니다. 충치 예방 껌에 함유된 자일리톨의 양 또한 매우 적습니다.

일부 양상추에 자일리톨 성분이 함유된 것을 신경 쓰는 분도 있을 듯한데, 예를 들어 체중 1kg짜리 치와와가 양상추 2kg은 먹어야 위험하다고 합니다. 아무리 양상추를 좋아하는 개라 해도 도저히 다 먹을 수 없는 분량인 것이지요. 하지만 실수로 시금치나 자일리톨 등 신경 쓰이는 음식을 먹었다면 하루 정도는 유심히 지켜보는 것도 좋습니다.

Dr. 스사키의 핵심 조언

생각보다 가짜 정보가 많습니다. 정확한 근거 없이 '○○을 먹어서 병에 걸렸다'라는 소문을 믿기 전에 진짜인지 찾아보세요. 음식만의 문제가 아닌 생활환경이나 습관, 알레르기 때문일 수 있으니까요.

차례

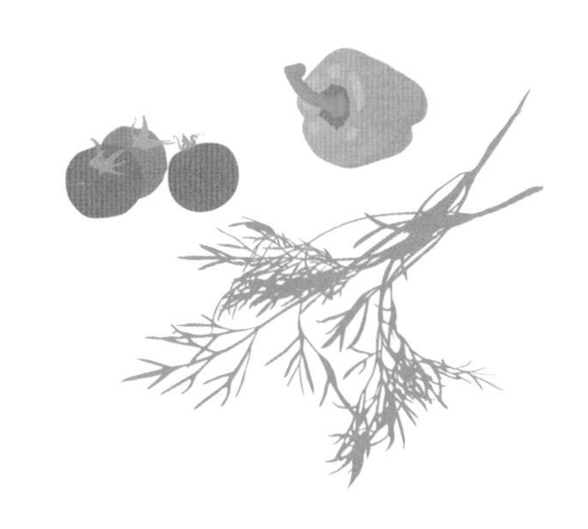

PART 2 병을 고치는 영양소 사전

PART 3 식재료별 영양소 사전

PART 4 효과로 보는 영양소 사전

PART 1

건강을 지키는 영양소 사전

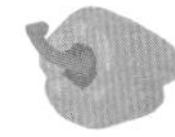

건강할 때 먹는 식사가 몸을 튼튼하게 만든다

평소의 컨디션 관리가 가장 중요하다

→ 병에 걸리고 나서 대처하면 이미 때를 놓쳤을 수 있습니다. 애견 컨디션 관리의 첫 걸음은 매일 먹는 음식에서 시작됩니다.

일상 케어가 가장 중요하다!

운동도 휴식 없이 하는 것보다 간격을 두고 하는 편이 운동을 오래 지속할 수 있습니다. 공부도 장시간 연속으로 집중하는 것보다 가끔씩 쉬는 편이 효과적입니다. 회복이 빠르기 때문입니다.

사람처럼 개도 병에 걸리면 평소만큼 컨디션을 회복하기가 힘듭니다. 평소 건강할 때 잘 돌봐주면 병을 예방할 수 있습니다. 꾸준히 하는 일상 케어는 병에 걸린 뒤에 관리해주는 것보다 더 쉽고 간단합니다.

정해진 연령별 식사는 없다

사료는 유견용, 성견용, 노견용 등 여러 종류가 있어서 애견의 연령에 맞춰 선택하는 분이 많을 것입니다. 하지만 잠시 생각해보세요. 야생에서는 노견 전용 식사가 있을 수 없습니다. 노견은 더 부드러운 먹잇감을 찾을까요? 그렇지 않습니다.

또한 겨울철에는 식량을 찾지 못해서 오랫동안 굶는 사태도 빈번히 일어납니다. 끼니마다 영양 균형을 정확히 맞추려고 너무 신경 쓸 필요가 없는 것이지요.

수제 음식을 쉽게 시작하고 꾸준히 실천해나가기 위해서라도 '우리 개는 나이가 있는데' '아직 강아지인데'라는 등 부담이 될 정도로 신경 쓰지 않아도 됩니다. 간단하게 음식을 만들어줄 수 있으니까요. 노견이라고 해도 소화 능력은 죽기 전까지 성견과 별다른 차이가 없다는 연구 결과도 있습니다.

식습관이 달라질 수 있다

고기 반찬 하나로 밥을 몇 그릇이나 먹어치우던 남자아이가 나이가 들면 고기를 안 먹기도 하는 것처럼 개도 나이를 먹으면서 좋아하는 음식이나 식욕이 달라지는 것은 당연합니다. 그러니 노견이 조금만 먹는다고 불안해하지 않아도 됩니다.

단, 새끼는 어미가 먹이를 잘 씹어서 주기 때문에 유견에게는 푸드 프로세서 등으로 음식을 부드럽게 만들어주면 좋습니다.

상태에 따라 관리해주자

사람이 임신하면 쉽게 배고파하고 식사량이 다른 때보다 늘어나는 것처럼 개도 임신기나 수유기에는 식사량이 달라집니다. 뿐만 아니라 운동선수가 많이 먹는 것처럼 평소에 자주 운동하는 개도 운동하는 만큼 많이 먹어야 합니다.

그렇다고 해서 많이 안 먹는다고 신경 쓰지 않아도 됩니다. 식사량이 부족하면 개는 알아서 '더 먹고 싶다'고 요구하기 때문입니다. 반대로 너무 많이 먹으면 토하거나 설사를 하는 등 몸에서 신호를 보냅니다. 애견의 생각을 읽으려면 평소에 잘 살펴주세요.

Dr. 스사키의 핵심 조언

나이에 비해 성장이 더딘 애견도 간혹 있습니다. 그럴 때는 원하는 만큼 먹이면 됩니다. 비만이 되지 않게만 조심하면 됩니다.

사료를 과식할 때와 수제 음식을 과식할 때 몸에 미치는 영향이 다릅니다. 안심하고 애정이 듬뿍 담긴 수제 음식을 먹입시다.

식사량 기준은?

환산표를 이용해서 계산하자

→ 직접 음식을 만들어 먹이면 분량을 가늠할 수 없다고 불안해하는 반려인이 많습니다. 환산표가 있다면 쉽게 계산할 수 있습니다.

먹는 양은 체중이나 나이에 따라 다르다

개의 1회 식사량 기준은 대체로 귀 위쪽의 머리 크기입니다. 하지만 이것은 어디까지나 '기준'일 뿐이며 개마다 다를 수 있습니다.

개를 여러 마리 키워보면 잘 알 수 있는데, 똑같은 양을 먹여도 살찌는 개가 있는가 하면 그렇지 않은 개도 있습니다. 애초에 정확한 식사량을 계산하려고 하는 것은 무리며, 반려인이 잘 관찰하는 수밖에 없습니다.

간혹 사료를 주다가 수제 음식으로 바꾸면 양이 부족하거나 너무 많지는 않을까 걱정하는 분이 있습니다. 그럴 때는 환산표를 참고해보세요. 애견의 체중과 나이에 따라 환산율을 따지면 정확한 분량이 나옵니다. 기준에 따라 애견에 맞는 양을 챙겨주세요.

생애주기별 환산표 (성견 유지기를 1이라 할 때)

생애주기	환산율	식사 횟수	소형견	중형, 대형, 초대형견
이유식기	2	4	생후 6~8주	생후 6~8주
성장기 전기	2	4	생후 2~3개월	생후 2~3개월
성장기	1.5	3	생후 3~6개월	생후 3~9개월
성장기 후기	1.2	2	생후 6~12개월	생후 9~24개월
성견 유지기	1	1~2	생후 1~7년	생후 2~5년
고령기	0.8	1~2	생후 7년 이후	생후 5년 이후

체중별 환산표 (10kg을 1이라 할 때)

체중(kg)	환산율
1	0.18
2	0.30
3	0.41
4	0.50
5	0.59
6	0.68
7	0.77
8	0.85
9	0.92
10	**1.00**
11	1.07
12	1.15
13	1.22
14	1.29
15	1.36
16	1.42
17	1.49
18	1.55
19	1.62
20	1.68
21	1.74
22	1.81
23	1.87
24	1.93
25	1.99
26	2.05
27	2.11
28	2.16
29	2.22
30	2.28

체중(kg)	환산율
31	2.34
32	2.39
33	2.45
34	2.50
35	2.56
36	2.61
37	2.67
38	2.72
39	2.77
40	2.83
41	2.88
42	2.93
43	2.99
44	3.04
45	3.09
46	3.14
47	3.19
48	3.24
49	3.29
50	3.34
51	3.39
52	3.44
53	3.49
54	3.54
55	3.59
56	3.64
57	3.69
58	3.74
59	3.79
60	3.83

체중(kg)	환산율
61	3.88
62	3.93
63	3.98
64	4.02
65	4.07
66	4.12
67	4.16
68	4.21
69	4.26
70	4.30
71	4.35
72	4.39
73	4.44
74	4.49
75	4.53
76	4.58
77	4.62
78	4.67
79	4.71
80	4.76
81	4.80
82	4.85
83	4.89
84	4.93
85	4.98
86	5.02
87	5.07
88	5.11
89	5.15
90	5.20

* 10kg 성견의 하루 식사량 : 400g

생후 4개월(성장기), 체중 8kg인 강아지라면?

생애주기별 환산율은 1.5이고, 체중별 환산율은 0.85입니다.
기준이 되는 체중 10kg의 성견이 하루에 먹어야 하는 식사량은 400g이므로, **400g×1.5×0.85=510g**이 됩니다.
생애주기별 환산율과 체중별 환산율을 곱하기만 하면 각 재료의 양도 계산할 수 있습니다.
예를 들어 성견이 먹는 죽의 양이 100g이라고 하면 **100g×1.5×0.85=127.5g**입니다. 이 환산표를 기준으로 필요한 재료량을 계산해보세요.

수제 음식으로 바꾸는 방법

식사를 갑자기 바꿔도 괜찮을까?

→ 반려견이 수제 음식이 낯설어 잘 안 먹는다면 천천히 바꿔보세요. 아래 표를 참고해서 수제 음식에 길들여봅시다.

사료에서 수제 음식으로 바꾸기

대부분의 개는 수제 음식으로 갑자기 바꿔도 잘 먹습니다. 오히려 호기심을 가지고 맛있게 먹을지도 모릅니다. 음식을 바꾸면 장내 세균의 종류가 바뀌면서 몸을 재정비하려는 작용으로 설사를 할 수도 있지만 대개는 곧 가라앉을 것입니다. 그래도 걱정된다면 아래 표를 참고해 수제 음식의 비율을 서서히 늘려보세요.

수제 음식에 길들이기

일수	기존 식사량 : 수제 음식 분량
1~2일차	9 : 1
3~4일차	8 : 2
5~6일차	7 : 3
7~8일차	6 : 4
9~10일차	5 : 5
11~12일차	4 : 6
13~14일차	3 : 7
15~16일차	2 : 8
17~18일차	1 : 9
19~20일차	0 : 10

바꿀 때 나타날 수 있는 증상

수제 음식으로 바꿀 때는 체취나 구취가 강해지거나 눈곱 및 콧물 등이 나오며, 소변의 색이 진해지는 등의 증상이 드물게 나타날 수 있습니다.

이런 증상은 수분 섭취가 늘어 대사가 좋아졌기 때문입니다. 몸이 원래의 균형을 되찾으려 일시적으로 나타나는 증상에 불과합니다. 몸이 대사에 적응하면 증상들은 곧 가라앉으므로 포기하지 마세요.

배탈이 났을 때 칡을 먹이자

수분이 많은 수제 음식을 먹으면 설사를 할 수 있습니다. 배탈이 났다면 칡을 먹여 보세요. 칡은 장에 좋은 식재료입니다. 칡의 끈적끈적한 성분이 장의 내벽을 보호하지요. 장에 좋을 뿐만 아니라 혈액순환을 촉진하고 간과 신장의 기능 및 면역력도 향상시킵니다. 자율신경을 안정시키는 효과도 있어 기운이 없을 때 먹이면 좋습니다.

Dr. 스사키의 핵심 조언

"평생 사료를 먹던 개가 밥이 갑자기 바뀌면 놀라지 않을까요?"라는 질문을 많이 받는데, 새로운 간식을 줘도 잘 먹듯이 수제 음식도 잘 먹을 것입니다. 기본적으로 소화가 잘되는 수제 음식은 늙거나 아픈 개라도 잘 먹으니 걱정 마세요. 그래도 건식 사료만 먹으려고 할 때는 평소 식사에 칡가루로 만든 차나 영양죽 등을 위에 뿌려서 수분을 충분히 섭취할 수 있도록 신경 써주세요.

칡가루로 만든 음식부터 시작해보자

수제 음식을 시작할 때는 칡가루로 만든 차나 떡을 추천합니다. 칡은 장의 점막을 보호하는 효과가 있어서 소화기가 약해졌을 때도 먹이면 좋습니다. 원하는 만큼 먹이면 됩니다. 애견이 입을 대지 않는다면 익숙하지 않아서 그럴 수 있지만 풍미가 약한 탓일 수도 있습니다. 고기나 생선 등 애견이 좋아하는 냄새를 더한 육수를 더하면 잘 먹을 것입니다.

영양죽도 수제 음식에서 빠뜨릴 수 없는데, 사료에 뿌려서 주면 됩니다. 잘 먹으면 영양죽의 비율을 늘려주세요. 미리 만들어두기보다 그때그때 만든 것이 훨씬 맛있습니다.

칡가루로 만드는 차와 떡

| 재료 | 칡가루 1큰술(차) 또는 3큰술(떡), 육수 180~240ml

| 만드는 방법 |

1. 냄비에 칡가루를 넣고 물을 조금 부어서 덩어리가 생기지 않도록 잘 갠다.
2. 육수를 넣고 잘 섞은 뒤 끓인다. 국물이 투명해져서 걸쭉해질 때까지 나무주걱으로 계속 저어가며 끓인다.
3. 잘 식혀서 그릇에 담는다.

 **영양죽 간단 레시피**

| 재료 | 채소, 육류, 생선, 해조류, 버섯

| 만드는 방법 |

1. 냄비에 재료를 넣고 재료가 잠길 정도로 물을 붓는다. 그런 다음 뚜껑을 덮고 약한 불로 30~40분 끓인다.
2. 면포로 끓인 국물을 걸러낸 뒤 식힌다.

* 한 번에 많이 만들어서 냉동실에 보관해두면 편리합니다.

간단하고 쉽게
영양죽을 만들어보세요!
줄 때는 따뜻하게 데워주면
좋습니다.

유견

이유식으로 수제 음식을 먹이자

→ 체격을 형성하는 중요한 시기입니다. 젖 뗄 시기의 유견이나 모견이 없는 유견에게 이유식으로 수제 음식을 주면 됩니다.

건강관리법

생후 2개월 정도까지를 수유기로 봅니다. 수유기에는 최대한 모견에게 맡겨주세요. 반려인이 아무리 노력한다 해도 모견을 대신하기에는 한계가 있습니다. 모유만 충분히 먹인다면 건강보조식품도 필요 없습니다. 치아가 나서 모견이 수유를 거부하면 자연스레 젖 뗄 시기가 된 것입니다.

수유기 이후 4, 5개월 정도까지가 젖 뗄 시기입니다. 야생에서는 모견이 음식을 씹어서 부드럽게 만든 것을 먹이는 시기입니다. 유견에게 채소나 고기를 잘게 갈아서 주세요. 개에게 먹이면 안 되는 음식(232쪽 참조) 외에는 먹여도 괜찮습니다.

문제는 모견이 없는 유견입니다. 아직 젖을 떼기 전인 유견을 사람이 키우려면 어떻게 해야 할까요? 우선 일반 우유는 개의 젖보다 단백질 함유량이 적으므로 시중에서 판매하는 강아지용 우유를 먹이는 것이 좋습니다. 단, 적응 시간이 필요합니다. 경험이 있는 반려인에게 조언을 구하거나 관련 정보나 책을 참고하는 것이 좋습니다.

반려인의 흔한 고민거리

유견은 감염증에 쉽게 걸립니다. 그래서 백신을 접종하기 전까지 병에 걸리면 안 된다며 상자 속에서만 키우는 분도 있습니다. 오히려 공포심이 생기거나 기초 체력이 떨어져 병에 걸릴 위험이 높아집니다.

백신만 접종하면 면역력이 생겨 안심해도 된다고 생각하기 쉽지만 기초 체력이 없으면 당연히 병에 쉽게 걸립니다. 유견기에는 기본 체력을 기르는 것이 중요합니다.

효과적인 영양소와 그 효능

모견이 모유를 먹이는 동안에는 이유식을 억지로 먹일 필요가 없지만, 유견이 치아가 나거나 모견이 먹는 음식에 흥미를 보인다면 슬슬 이유식을 시작하면 됩니다. 소화가 잘되는 식재료를 이용하면 생후 18일 무렵부터 먹을 수 있습니다. 이 시기에는 발육에 도움이 되는 각종 영양소가 필요합니다.

우선 체격을 형성하는 기본 요소는 단백질입니다. 근육과 장기, 혈액 등을 구성하는 성분으로 한창 자랄 때인 유견에게 반드시 필요합니다.

뼈와 치아를 튼튼하게 하는 멸치나 칼슘이 풍부한 콩도 평소 식사에 자주 넣어주세요.

비타민 중에서는 비타민D와 비타민E를 많이 섭취시켜야 합니다. 비타민D는 칼슘과 인의 흡수를 도와 건강하고 튼튼한 뼈와 치아를 만들기 때문에 유견에게 특히 중요한 영양소입니다. 개는 다른 동물과 달리 자외선을 받아도 체내에서 충분한 양의 비타민D를 합성하지 못하므로 음식으로 보충해야 합니다. 비타민이 풍부한 어패류와 버섯을 듬뿍 먹이도록 합시다.

또한 유견은 성견보다 비타민E가 약 두 배는 더 필요합니다. 아몬드 같은 견과류나 씨에서 추출해 비타민E가 풍부한 식물성 기름을 이유식에 자주 활용하면 좋습니다.

식사 기준

젖 뗄 시기에는 한 번에 많이 먹지 못하므로 양을 나눠서 조금씩 주는 것이 중요합니다. 요구하는 만큼 몇 번이든지 주세요. 살이 찌는 듯하면 채소 비율을 더 늘려서 포만감을 느끼게 합시다.

적절한 운동량

날마다 몇 분씩 산책하겠다고 목표를 정해둘 필요는 없습니다. 유견이 올라가기 힘든 가파른 계단이나 위험한 장소를 조심하고 걷고 싶어 하는 만큼 산책시켜주세요.

주의할 점

유견에게 모자이크식 나무 바닥재가 깔려 있는 집은 위험할 수 있습니다. 틈 사이에 발톱이 걸리면 개가 넘어져 무릎 관절이 어긋나거나 빼려고 하다가 발을 다칠 수도 있기 때문입니다. 미끄러운 바닥도 유견에게 위험합니다. 바닥이 유견에게 안전한지 확인해보세요.

유견을 위한 간단 레시피

| 만드는 방법 |

1. 냄비에 물과 멸치, 닭 껍질을 넣고 끓여서 육수를 낸다.
2. 우동, 대구, 소송채, 당근, 무, 양배추를 한입 크기로 썰어놓는다.
3. 1에 2를 넣고 부드러워질 때까지 끓인다.
4. 3을 푸드 프로세서나 절구, 믹서 등으로 간다.
5. 국물까지 남김없이 그릇에 담는다.

* 당근이나 호박 등 단맛이 나는 채소를 넣는 것이 좋습니다.

Dr. 스사키의 핵심 조언

간혹 제대로 서지 못하는 유견이 있습니다. 뼈를 튼튼하게 만드는 수제 음식과 함께 운동도 시키는 것이 가장 중요합니다.

걷기 힘들어한다면 재활용 보행 보조기구를 사용해서 산책을 시켜봅시다. 천천히 걸으면서 근력을 튼튼히 키우는 것부터 시작해보세요.

유견에게 권장하는 식재료

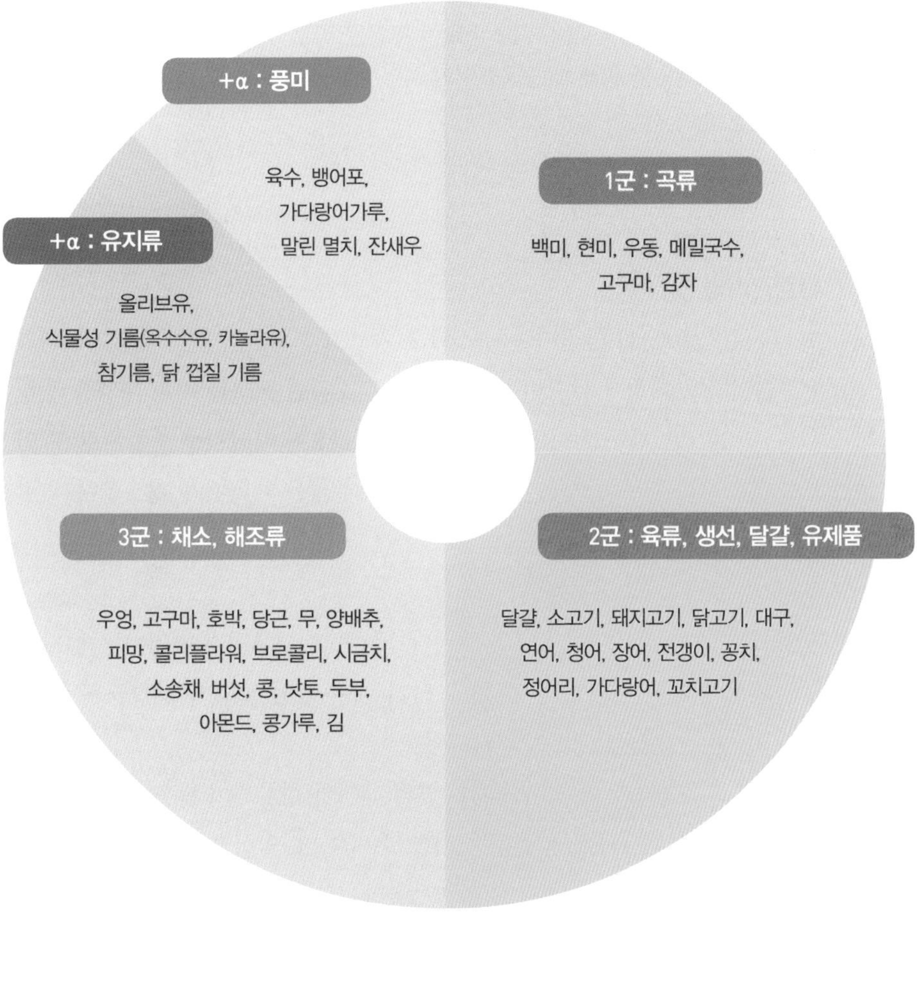

+α : 풍미

육수, 뱅어포,
가다랑어가루,
말린 멸치, 잔새우

1군 : 곡류

백미, 현미, 우동, 메밀국수,
고구마, 감자

+α : 유지류

올리브유,
식물성 기름(옥수수유, 카놀라유),
참기름, 닭 껍질 기름

3군 : 채소, 해조류

우엉, 고구마, 호박, 당근, 무, 양배추,
피망, 콜리플라워, 브로콜리, 시금치,
소송채, 버섯, 콩, 낫토, 두부,
아몬드, 콩가루, 김

2군 : 육류, 생선, 달걀, 유제품

달걀, 소고기, 돼지고기, 닭고기, 대구,
연어, 청어, 장어, 전갱이, 꽁치,
정어리, 가다랑어, 꼬치고기

| 조언 한마디

유견기에는 먹고 싶어 할 때마다 식사를 줍시다. 체중을 확인해가면서 먹이도록 하세요.

모견

영양을 균형 있게 공급해서 건강하게 만들자

→ 건강한 새끼를 출산하기 위해 가장 중요한 조건은 바로 모견의 건강입니다. 임신기와 수유기에는 영양을 충분히 공급해주되 너무 살찌지 않도록 주의해야 합니다.

건강관리법

개의 임신 기간은 63일(9주)입니다. 임신 4주 차까지는 체중이 서서히 증가하다가 5주 차에 들어가면 체중이 급격히 증가합니다. 평소처럼 식사를 줘도 영양을 충분히 섭취할 수 있지만, 매주 식사량을 15%씩 늘려 필요한 에너지를 충족시킬 수 있도록 해주세요. 임신 9주 차에는 평소보다 60% 더 많은 에너지가 필요합니다. 잘 먹지 않는다고 걱정할 필요는 없습니다. 출산 전 7~10일 동안은 식욕이 떨어질 수 있기 때문이지요.

반려인이 매일 날짜를 세지 않아도 됩니다. 몇 주 차 정도인지만 알아두세요. 식사량이 부족하면 개가 더 달라는 표현을 하기 때문에 양은 쉽게 맞춰줄 수 있습니다.

수유기에는 모유를 만들어내기 위해 모견의 대사가 향상되어 많은 에너지가 필요합니다. 비타민과 미네랄이 풍부한 식사를 주세요. 또 임신으로 갑자기 털이 빠지는 등 여러 변화가 일어날 수도 있습니다. 놀라서 당황하지 마세요. 수유기가 지나면 몸 상태는 대체로 회복됩니다.

반려인의 흔한 고민거리

"임신 중에는 식사량이 두 배로 늘어난다고 하는데, 우리 개는 별로 먹질 않아요."라며 하소연하는 반려인도 많습니다. 식사량을 늘리는 비율은 어디까지나 기준에 불과합니다. 개마다 차이가 있으니 상태에 맞춰 알맞게 주세요.

임신기에 영양이 부족해서 배 속의 태아가 자라지 않는다는 사례는 거의 찾아볼 수 없습니다. 식사를 완전히 거부하는 것이 아니라면 크게 걱정하지 않아도 됩니다.

효과적인 영양소와 그 효능

임신기에는 비타민이나 미네랄 같은 여러 가지 영양소를 균형 있게 섭취하는 것이 중요합니다. 육류나 생선처럼 애견이 좋아하는 음식만 주지 말고 채소와 해조류도 음식에 적극적으로 넣어주세요.

단백질은 몸을 구성하는 주성분으로서 반드시 필요한 영양소로, 뼈와 혈액과 근육을 형성하는 밑바탕이 됩니다. 중요한 미네랄 중 하나인 칼슘은 뼈와 치아의 주성분입니다. 세포 분열과 혈액 응고, 호르몬 분비 등 생리 기능을 조절하는 데 폭넓게 관여하며 임신 중에는 특히 더 많이 소비됩니다.

임신기 후반에는 체중 증가에 맞춰서 평소보다 단백질과 칼슘이 많은 음식을 챙겨주면 좋습니다.

단, 영양 공급이 부족하지 않을까 걱정한 나머지 비대해질 때까지 먹이지 않도록 조심해야 합니다. 지나치게 살이 찌면 임신 중에 문제가 생기거나 난산이 되기 쉽습니다.

수유 중에도 많은 영양소가 필요합니다. 그중에서도 단백질과 칼슘 등의 미네랄 성분은 충분히 섭취해야 합니다. 모유 수유로 칼슘이 빠져나가서 간질과 비슷한 경련 증상을 일으키는 경우도 있습니다. 강아지용 우유를 먹여서 영양을 보충하는 방법도 좋습니다.

식사 기준

이 시기에는 하루에 몇 번이고 밥을 달라고 합니다. 체형 변화를 확인하면서 뚱뚱해지지 않을 정도로 식사를 챙겨주세요. 또 출산이 임박해서 일시적으로 식욕이 떨어졌을 때는 양을 적게 여러 번에 나눠서 주면 먹을 것입니다.

적절한 운동량

임신했다고 해서 산책을 가지 않을 필요는 없습니다. 오히려 운동을 적절히 하면 혈액순환이 좋아지고 순산에도 도움이 됩니다. 단, 무리해서는 안 됩니다.

주의할 점

사람과 마찬가지로 모견도 스트레스를 받습니다. 걱정이 된다고 해서 가까이에서 계속 살펴보거나 함부로 만지면 오히려 스트레스를 느낄 수 있습니다. 새끼에게 악영향을 끼칠 수 있으니 되도록 멀리서 지켜봅시다.

모견을 위한 간단 레시피

| 만드는 방법 |

1. 냄비에 물과 멸치를 넣고 끓여서 육수를 낸다.
2. 참치의 붉은 살, 무, 무청, 당근을 한입 크기로 썬다.
3. 1에 2를 넣고 채소가 부드러워질 때까지 끓이다가 달걀을 풀어 넣은 후 불을 끈다.
4. 그릇에 오곡밥을 담고 위에 3을 부은 뒤, 잘 섞은 낫토를 올린다.
5. 카놀라유 1티스푼을 뿌려 풍미를 더하면 완성.

Dr. 스사키의 핵심 조언

'몇 살 때 출산시켜야 할까?' '1년에 몇 번씩 새끼를 낳게 해도 될까?' 등 출산에 관한 여러 가지 궁금증이 많아서 어떻게 해야 할지 망설이는 반려인이 많습니다.

출산에 적합한 연령은 튼튼한 체격이 완성된 후인 2세 이후가 좋습니다. 물론 이 연령은 기준이며, 개의 체력에 따라 차이가 있습니다. 또 모견에 주는 부담을 생각하면 다음 출산까지는 최소 1년 간격을 두는 것이 좋습니다.

모견에게 권장하는 식재료

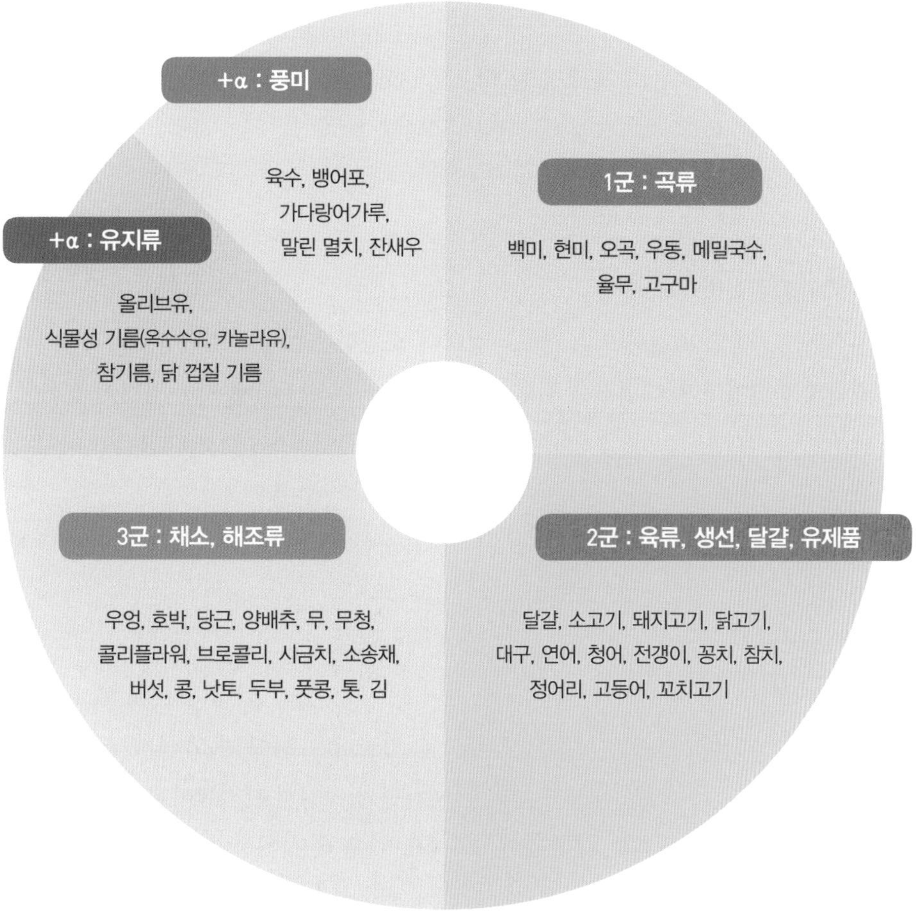

+α : 풍미

육수, 뱅어포,
가다랑어가루,
말린 멸치, 잔새우

1군 : 곡류

백미, 현미, 오곡, 우동, 메밀국수,
율무, 고구마

+α : 유지류

올리브유,
식물성 기름(옥수수유, 카놀라유),
참기름, 닭 껍질 기름

3군 : 채소, 해조류

우엉, 호박, 당근, 양배추, 무, 무청,
콜리플라워, 브로콜리, 시금치, 소송채,
버섯, 콩, 낫토, 두부, 풋콩, 톳, 김

2군 : 육류, 생선, 달걀, 유제품

달걀, 소고기, 돼지고기, 닭고기,
대구, 연어, 청어, 전갱이, 꽁치, 참치,
정어리, 고등어, 꼬치고기

| 조언 한마디

개는 출산과 육아를 본능적으로 알고 있으니 일일이 신경 쓰지 않아도 됩니다. 모성을 믿고 따뜻하게 지켜봐주세요.

성견

젊고 건강한 몸을 유지시키자

→ 나이가 들어도 건강하게 생활하려면 성견 시기의 건강 관리가 중요합니다. 젊고 튼튼할 때 체력을 확실하게 길러줍시다.

건강관리법

성견기는 견종에 따라 차이가 두드러집니다. 소형견은 성장이 빨라서 생후 8~12개월이면 성견이지만, 대형견은 천천히 성장해서 생후 2년 만에 겨우 성견이 됩니다. 반대로 노견이 되는 시기는 소형견은 12세, 대형견이 7세부터로 대형견이 나이가 빨리 듭니다. 따라서 성견 기간은 소형견일수록 길어집니다.

이 시기는 '잘 먹고 잘 놀기'가 기본입니다. 우선 반려인이 지나칠 정도로 예민하게 신경 쓰지 않는 것이 좋습니다.

평소에 쉽게 하는 건강관리로는 병원체 예방에 효과적인 입안 청소가 있습니다. 칫솔을 이용해서 치아 사이에 공기를 넣어주는 것이 중요합니다. 이때 채소를 짠 즙이나 유산균을 사용하면 입안을 살균할 수 있습니다.(81쪽 참조)

샴푸를 사용하는 것은 피부병 등을 제외하면 반려인의 쾌적함이 주된 목적이므로 체취가 신경 쓰일 때만 샴푸로 씻겨주세요. 아무 데도 이상이 보이지 않더라도 1년에 한 번은 동물병원에서 건강검진을 받게 해주세요.

반려인의 흔한 고민거리

"우리 개는 편식이 심해요."라는 말을 반려인에게 자주 듣습니다. 특히 낮 동안 집에 개를 두고 외출하는 반려인은 미안한 마음 때문인지 개가 좋아하는 음식만 먹이려는 경향이 있습니다.

편식은 젊고 건강할 때 고쳐야 합니다. 애견의 몸 상태가 나빠졌을 때 먹이는 식사를 못 받아들일 수 있기 때문입니다. 개가 아무리 응석을 부리며 울어도 마음을 단단히 먹고 '밥 안 먹으면 아무것도 안 줄거야'라는 태도로 대하기 바랍니다.

효과적인 영양소와 그 효능

성견에게는 모든 영양소를 균형 있게 섭취시켜야 합니다. 단백질은 튼튼하고 젊은 몸을 유지하기 위해 반드시 필요하며, 몸의 효소 반응이나 면역력을 높이려면 비타민과 미네랄도 빠뜨릴 수 없습니다.

'균형 있게'라고 하면 어렵게 생각하는 분이 많습니다. 사람과 마찬가지로 육류든 채소든 생선이든 골고루 먹이자는 뜻입니다.

이를테면 개를 기르는 사람 중에는 "우리 개는 살이 잘 찌는 편이라서 양배추와 닭가슴살만 먹입니다."라고 당연하게 말하는 사람도 있습니다. 하지만 영양 균형에 너무 집착할 필요는 없습니다.

그래도 불안하다면 식재료표를 기준으로 준비해주세요. 1~3군 식품이 수제 음식에 골고루 들어갔는지 확인하면 균형이 극단적으로 치우칠 일은 없습니다.

또 "실제로 만들어봤는데 채소는 먹지 않아서 뺐습니다."라고 하는 분도 있는데, 이는 좋아하는 것만 먹이는 습관으로 생기는 문제입니다. 고기를 좋아하는 개에게는 채소죽에서 좋아하는 고기의 맛이 나도록 고기 기름이나 육수로 풍미를 더해주세요. 작은 아이디어로 애견의 반응이 달라집니다.

식사 기준

성견은 하루에 1~2회씩 주며, 되도록 시간을 정하는 편이 좋습니다. 정확한 시간에 식사를 하면 간식이 필요 없습니다. 간식을 주려면 채소 스틱을 주세요. 당근같이 단맛이 나는 채소를 추천합니다.

적절한 운동량

운동량에 기준은 없습니다. 산책은 하고 싶은 만큼 시켜주세요. 중간 중간 쉬어주는 것도 잊지 맙시다. 딱딱한 도로를 걷는 것을 싫어한다면 산이나 잔디밭에 데려가보세요. 좋아할 겁니다. 최대한 다양한 장소에 데려가보세요.

⚠ 주의할 점

편식을 극복시켜야 합니다. 다양하게 먹여야 노견이 되어 식사를 제한해야 하는 병에 걸리더라도 잘 이겨낼 수 있습니다. 나이가 든 후에 체력을 키우려고 하면 힘듭니다. 젊을 때 운동시켜서 몸을 튼튼하게 만들어줍시다.

성견을 위한 간단 레시피

| 만드는 방법 |

1. 냄비에 물과 가다랑어가루, 말린 표고버섯을 넣고 끓여서 육수를 낸다.
2. 소 간, 당근, 호박, 양배추, 톳을 한입 크기로 썬다.
3. 1에 2를 넣고 채소가 부드러워질 때까지 끓인다.
4. 그릇에 밥을 담고 위에 3을 부은 뒤, 잘 섞은 낫토를 올린다.
5. 참기름 1티스푼을 뿌려 풍미를 더하면 완성.

Dr. 스사키의 핵심 조언

실내에 사는 소형견은 산책만으로 발톱이 닳기 어렵기 때문에 발톱과 함께 혈관 부분도 점점 자라납니다. 그래서 애견 미용실에서는 소형견의 발톱을 깎을 때 피가 나지 않게 조심합니다. 발톱을 짧게 깎는 것은 사람이 손톱을 바싹 깎는 것과 같습니다. 피가 날 정도면 개 역시 통증을 느끼며 감염증에 걸릴 위험도 높아집니다. 평소에 반려인이 부지런히 관리해주는 것이 좋습니다.

성견에게 권장하는 식재료

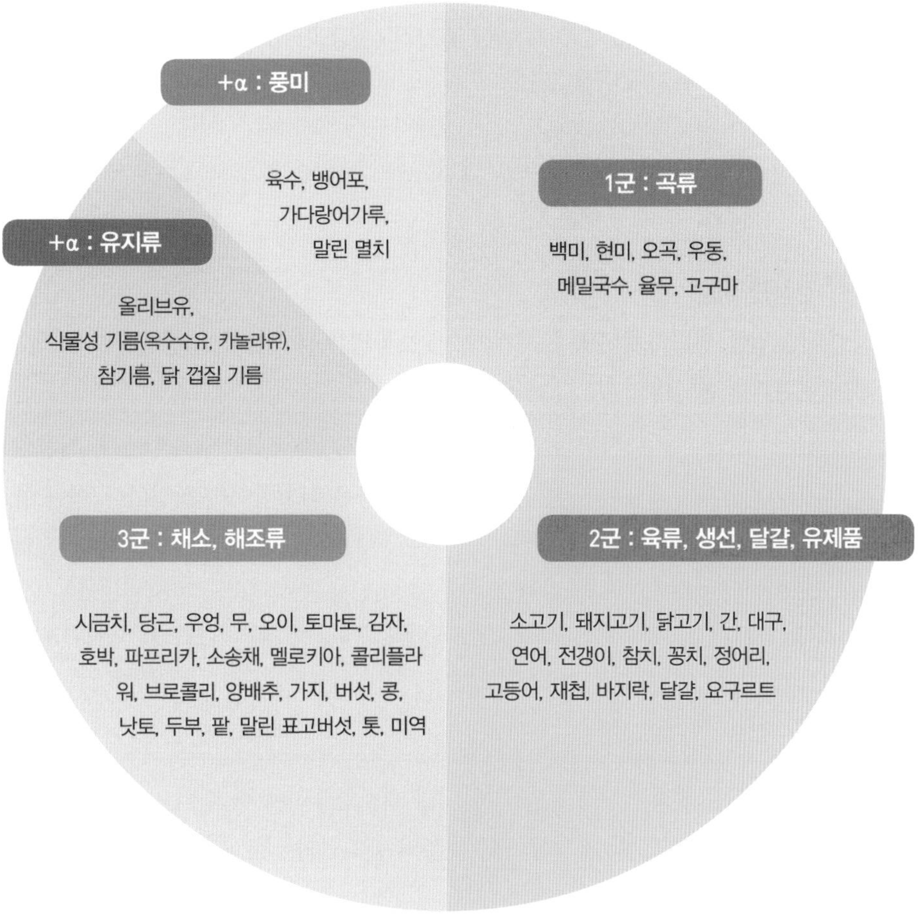

+α : 풍미

육수, 뱅어포,
가다랑어가루,
말린 멸치

1군 : 곡류

백미, 현미, 오곡, 우동,
메밀국수, 율무, 고구마

+α : 유지류

올리브유,
식물성 기름(옥수수유, 카놀라유),
참기름, 닭 껍질 기름

3군 : 채소, 해조류

시금치, 당근, 우엉, 무, 오이, 토마토, 감자,
호박, 파프리카, 소송채, 멜로키아, 콜리플라워, 브로콜리, 양배추, 가지, 버섯, 콩,
낫토, 두부, 팥, 말린 표고버섯, 톳, 미역

2군 : 육류, 생선, 달걀, 유제품

소고기, 돼지고기, 닭고기, 간, 대구,
연어, 전갱이, 참치, 꽁치, 정어리,
고등어, 재첩, 바지락, 달걀, 요구르트

| 조언 한마디

성견일 때는 새로운 산책로, 훈련, 음식 등에 도전해서 체력과 기력을 길러줍시다.

노견

면역력을 높여야 건강하게 오래 산다

→ 노견은 면역력과 체력이 떨어져 병에 걸리기 쉬워집니다. 면역력을 높이는 수제 음식으로 건강을 유지해야 합니다.

건강관리법

성견과 노견을 명확하게 구분할 수 없지만 소형견은 10~12세, 대형견은 7세 정도부터 노견으로 봅니다.

반려견이 늙는다고 해서 지나치게 걱정할 필요가 없습니다. 체육학에서 '폐용성 위축'이라는 법칙이 있습니다. 사용하지 않는 기능은 쇠퇴한다는 것입니다. 예를 들어 '늙었으니까 산책은 짧게 해야 좋다' '밥은 부드럽게 해서 줘야 한다'는 식으로 하지 않아도 될 부분까지 배려하면 애견은 오히려 체력과 기력이 떨어집니다.

노견이 되면 음식 소화 능력이 떨어진다는 말을 종종 하는데, 실제로는 죽기 전까지 거의 변화가 없는 경우가 대부분입니다. 식사량은 서서히 줄어드는 것이 정상입니다. 억지로 먹이지 않는 것이 좋습니다.

아무리 건강하게 보이더라도 노견이 되면 최소한 1년에 한 번씩은 꼭 건강검진을 받아야 합니다. 상태를 잘 관찰하고 71쪽의 반려견의 신호표를 참고해서 수의사에게 자세히 말해주세요.

반려인의 흔한 고민거리

일명 지방종이라고 해서 피부 밑에 생기는 지방 덩어리는 나이가 들면 반드시 생긴다고 확신하는 반려인이 많습니다.

그러나 실제로는 필요 이상으로 먹이기 때문에 생기곤 합니다. 지방종이 생기면 몸의 기초대사량이 떨어졌다는 신호로 받아들이세요. 성견 때부터 열량을 조절해 식사를 주도록 합시다. 식사를 사료에서 수제 음식으로 바꾸면 지방종이 없어지기도 합니다.

효과적인 영양소와 그 효능

나이가 들면 쇠약해지는 몸의 면역력이나 효소 반응을 정상으로 유지하려면 비타민과 미네랄을 적극적으로 섭취시켜야 합니다. 특히 비타민C가 풍부한 채소나 과일을 평소의 수제 음식에 넣어서 백내장을 예방합시다. 면역 기능을 강화하는 베타글루칸이 풍부한 버섯도 굉장히 좋은 식품입니다.

그렇다고 해서 채소와 과일만 잔뜩 넣어 균형이 맞지 않는 수제 음식이 되지 않도록 주의해야 합니다. 육류와 생선도 먹여서 근육이 빠지지 않도록 하세요. 또 나이가 들면 피부가 건조해지기 쉬우므로 유지류도 적절히 섭취해야 합니다.

병 등으로 거동이 불편해졌다고 해도 가능한 한 지금까지 해왔던 식사와 크게 다르게 않으면서도 균형 잡힌 식사를 주는 것이 중요합니다. 반려인 중에 "이유식처럼 푸드 프로세서로 잘게 갈아주는 편이 좋을까요?"라고 질문하는 분이 많은데 기본적인 소화 능력은 노견이 되어도 크게 달라지지 않습니다. 무리하지 않는 범위에서 성견과 똑같이 생활하게 하세요.

또 몸의 기초대사량이 떨어지므로 식사량이 줄어드는 것은 당연합니다. 하지만 지나칠 정도로 식욕이 떨어져서 야윈다면 밥에 변화를 주세요. 밥을 따뜻하게 하거나 좋아하는 고기나 생선 농축액으로 풍미를 더해 식욕을 자극하는 수제 음식을 만들어줍시다.

식사 기준

건강한 노견은 성견과 마찬가지로 하루에 1~2끼가 기본입니다. 하지만 갑자기 야윌 때는 한 끼의 양을 줄이고 횟수를 늘려봅시다. 또 거동이 불편해지면 비만이 되기 쉬우므로 식사량을 잘 조절해줘야 합니다.

적절한 운동량

정상적으로 걸을 수 있는 상태라면 운동량을 줄이지 않아도 됩니다. 하지만 산책하다가 힘들어보이면 무리하지 말고 쉬게 해야 합니다. 혼자 힘으로 안기 어려운 중형견이나 대형견은 애견 유모차를 이용하는 것도 좋습니다.

주의할 점

노견도 사람과 마찬가지로 배뇨 및 배변이 마음대로 되지 않을 때가 생깁니다. 그럴 때 반려인이 배를 살살 문질러주는 등 쉽게 배설을 원활하게 하는 방법이 있습니다. 수의사와 상담해서 필요한 간호법을 배우세요.

노견을 위한 간단 레시피

| 만드는 방법 |

1. 냄비에 물과 멸치, 잘게 다진 버섯을 넣고 끓여서 육수를 낸다.
2. 대구, 당근, 호박, 무, 무청을 한입 크기로 썬다.
3. 1의 냄비에 2를 넣고 채소가 부드러워질 때까지 끓인다.
4. 오곡밥을 그릇에 담고, 그 위에 3을 붓는다.
5. 옥수수유 1티스푼을 뿌려 풍미를 더하면 완성.

Dr. 스사키의 핵심 조언

거동이 불편한 노견은 욕창이 생기기 쉽습니다. 특히 대형견은 체중이 혈관을 압박해서 혈액순환이 나빠지기 쉬우므로 주의해야 합니다. 욕창을 예방하려면 자세를 계속 바꾸는 것이 가장 좋습니다. 바닥에 깔아놓은 천 위에 눕혀서 몸을 굴리는 등 놀이로 인식하면서 혼자서도 할 수 있는 방법을 찾아주세요.

고령화가 진행되는 애견을 키우는 모든 반려인은 치료 및 간호 정보는 물론 마음의 준비도 필요합니다. 평소에 개의 건강 정보를 잘 살펴보세요.

노견에게 권장하는 식재료

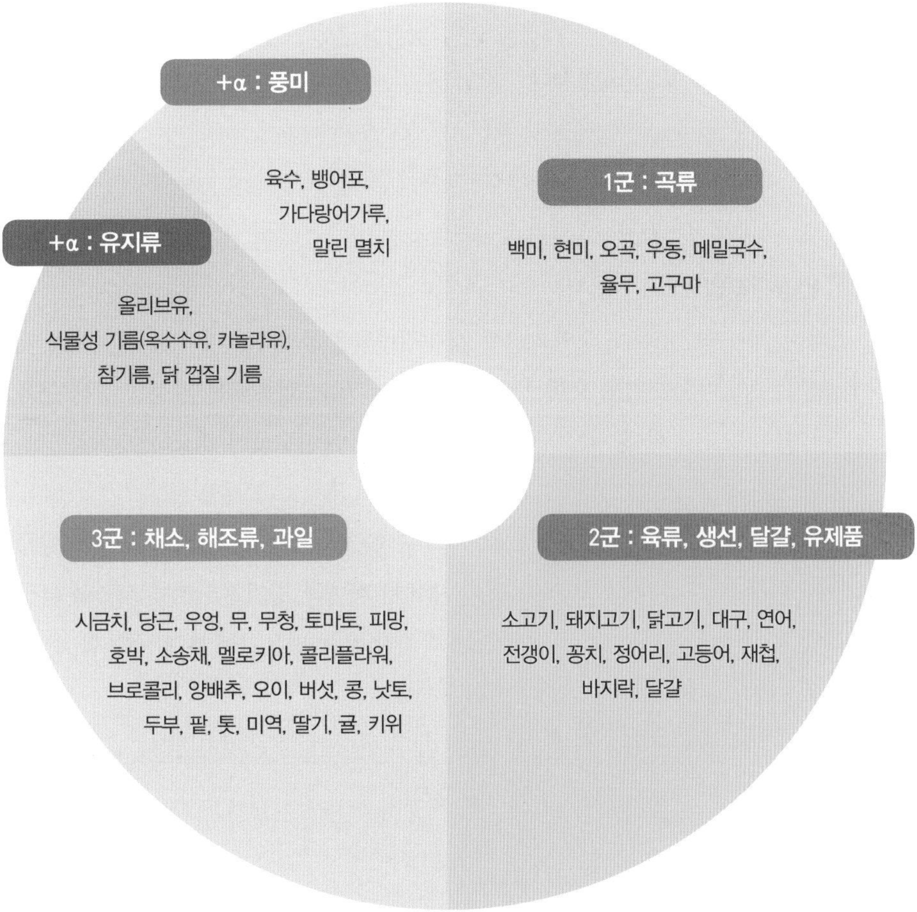

+α : 풍미

육수, 뱅어포, 가다랑어가루, 말린 멸치

1군 : 곡류

백미, 현미, 오곡, 우동, 메밀국수, 율무, 고구마

+α : 유지류

올리브유, 식물성 기름(옥수수유, 카놀라유), 참기름, 닭 껍질 기름

3군 : 채소, 해조류, 과일

시금치, 당근, 우엉, 무, 무청, 토마토, 피망, 호박, 소송채, 멜로키아, 콜리플라워, 브로콜리, 양배추, 오이, 버섯, 콩, 낫토, 두부, 팥, 톳, 미역, 딸기, 귤, 키위

2군 : 육류, 생선, 달걀, 유제품

소고기, 돼지고기, 닭고기, 대구, 연어, 전갱이, 꽁치, 정어리, 고등어, 재첩, 바지락, 달걀

| 조언 한마디

노견이라고 해서 특별하게 대우할 필요는 없습니다. 하지만 만일의 경우를 대비해서 치료 및 간호 정보는 조사해둡시다.

운동량이 많은 개

건강한 몸을 단련해서 운동 능력을 키우자

➔ 활발한 운동을 계속하려면 적절한 영양 보충이 필수입니다. 스태미나를 강화하는 수제 음식을 먹여서 도와줍시다.

건강관리법

어질리티Agility(애견 스포츠 중의 하나로 개가 장애물을 통과하는 경기)에 출전하는 개는 육상선수와 마찬가지로 운동으로 근육이 파괴되고, 회복되는 과정을 통해 근육을 단련합니다. 운동한 후에는 근육을 키우기 위한 아미노산이 필요하므로 일반 성견보다 육류나 생선 등의 양을 늘리는 편이 좋습니다.

한편 운동 의욕이 없는 개에게 긴장감을 가지도록 훈련하는 반려인이 종종 있습니다. 육상선수에 알맞은 사람이 있듯이 개에게 장애물 경기견으로서 적합한 특성이 있는지 확인해야 합니다. 우선 장애물 경기견 육성 전문가에게 훈련을 할 수 있는지 상담받아본 다음 시킬지 말지 결정하세요.

성적만 추구해서 훈련을 과하게 시키면 개와 사람이 모두 지쳐버리는 경우도 많습니다. 함께 놀면서 즐기는 마음으로 임합시다.

반려인의 흔한 고민거리

운동을 자주 하는 개를 기르는 반려인 중에는 애견에게 영양 공급이 충분한지 염려하는 분이 많습니다. 보통 경기견은 일반견보다 많이 먹습니다. 근육 형성에 필요한 육류나 생선 등은 애견이 먹고 싶어 하는 만큼 줘도 괜찮습니다.

단, 체형 확인을 게을리해서는 안 됩니다. 옆구리의 갈비뼈와 허리가 들어간 부분 등을 확인해서 살이 쪘다거나 지나치게 야위지 않았는지 정기적으로 확인합시다.

효과적인 영양소와 그 효능

근력을 기르는 식사를 챙겨주세요. 근육을 만들고 운동 중에 손상된 근섬유를 회복하려면 단백질을 반드시 섭취해야 합니다. 마늘 등에 풍부한 비타민B6는 단백질 대사를 촉진시키는데, 단백질을 많이 섭취할수록 비타민B6도 많이 필요합니다.

비타민C는 근육과 뼈를 결합하는 콜라겐 합성에 필요하며 육체적, 정신적 스트레스 완화에도 도움이 되는 필수영양소입니다. 스트레스로 손상된 세포 표면을 회복하는 비타민E도 챙겨주세요.

한편 운동을 하면 체내에 활성산소가 많이 발생하므로 항산화물질을 충분히 섭취하는 것도 중요합니다.

경기 전에는 육류와 생선 등을 넣어 만든 음식으로 아미노산을 공급해서 스태미나를 향상시킵시다. 이때 마늘을 첨가하면 영양소를 더 효과적으로 섭취시킬 수 있습니다.

또한 실제 경기를 앞두면 어찌 된 영문인지 애견의 체력이 떨어진다고 상담하는 반려인이 많은데 이는 감염증 때문일 수 있습니다. 비타민A를 섭취시켜 병원체에 대한 저항력을 높이고 점막을 강화해주세요. 매일 주는 식사에 녹황색 채소를 듬뿍 넣어서 몸을 튼튼하게 만들어줍시다.

식사 기준

운동량에 맞는 에너지를 공급하려면 고칼로리 식사를 많이 줘야 합니다. 한 번에 많은 양을 주기보다 횟수를 2~3회로 나눠서 조금씩 먹이는 것이 좋습니다.

적절한 운동량

개가 지치기 전에 운동을 마치는 것이 좋습니다. 훈련이 끝나면 개의 몸 상태도 살필 겸 마사지를 적극적으로 해주세요. 마사지 방법은 다양하며 정해진 규칙도 없습니다. 애견이 기분 좋게 받아들이는 것이 가장 중요합니다.

⚠ 주의할 점

좋은 결과를 위해 애견을 때리며 혼내는 반려인이 간혹 있는데, 스트레스를 주면 몸까지 상한다는 사실을 이해해야 합니다. 때리면 개는 단지 무서워할 뿐입니다. 성적이 향상되지 않는다면 다른 훈련 방법을 생각해야 하지 않을까요?

운동량이 많은 개를 위한 간단 레시피

|만드는 방법|

1. 스파게티 면은 반으로 잘라서 끓는 물에 삶는다.
2. 돼지고기, 당근, 호박, 우엉, 무청, 토마토를 한입 크기로 썬다.
3. 참기름을 둘러서 잘게 썬 마늘을 볶다가 마늘향이 퍼지면 2를 넣어 함께 볶는다.
4. 3에 1의 면을 넣고 잘 섞는다.

Dr. 스사키의 핵심 조언

육상선수와 마찬가지로 경기견도 경기를 그만둬야 할 시기가 매우 중요합니다. 개가 경기를 즐기지 못한다면 그만둬야 합니다. 병에 걸리는 빈도가 잦아지거나 애견이 훈련을 따라가지 못할 때는 진지하게 은퇴를 고려해보세요.

은퇴 후에는 지금까지 열심히 다져온 건강을 유지하기 위해서라도 취미 정도로 운동을 계속해 주는 것이 좋습니다.

운동량이 많은 개에게 권장하는 식재료

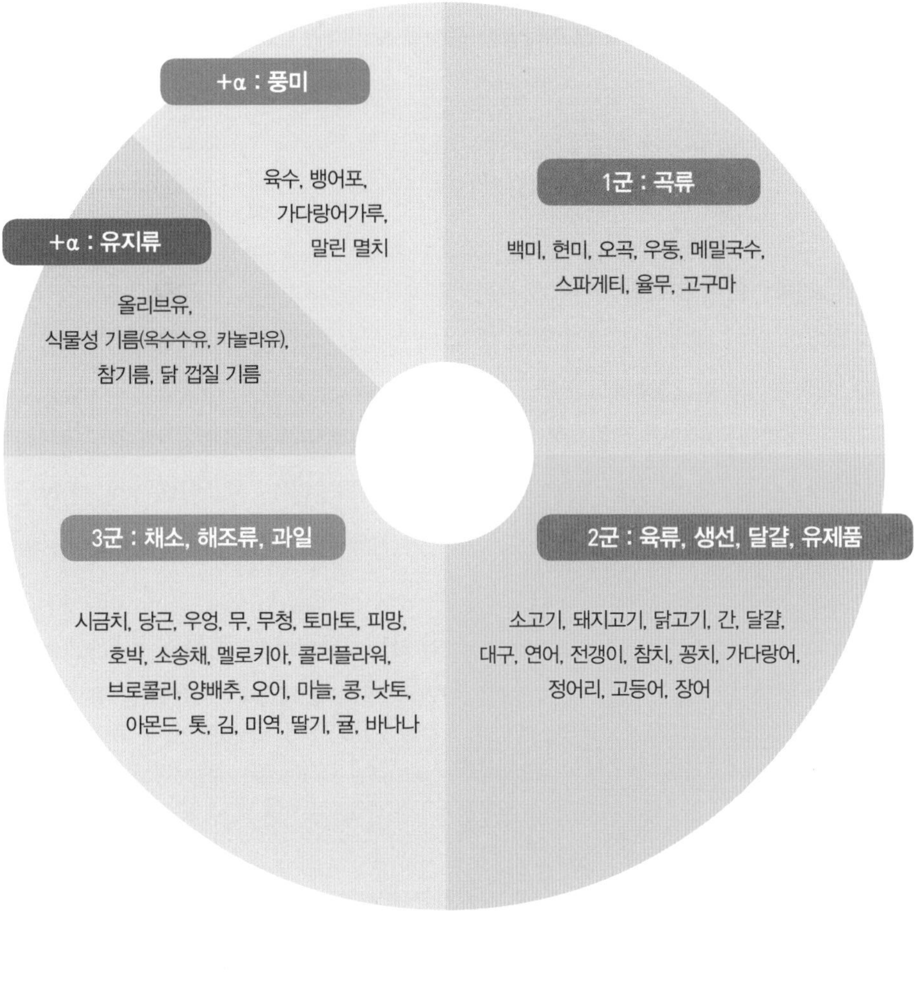

+α : 풍미

육수, 뱅어포,
가다랑어가루,
말린 멸치

1군 : 곡류

백미, 현미, 오곡, 우동, 메밀국수,
스파게티, 율무, 고구마

+α : 유지류

올리브유,
식물성 기름(옥수수유, 카놀라유),
참기름, 닭 껍질 기름

3군 : 채소, 해조류, 과일

시금치, 당근, 우엉, 무, 무청, 토마토, 피망,
호박, 소송채, 멜로키아, 콜리플라워,
브로콜리, 양배추, 오이, 마늘, 콩, 낫토,
아몬드, 톳, 김, 미역, 딸기, 귤, 바나나

2군 : 육류, 생선, 달걀, 유제품

소고기, 돼지고기, 닭고기, 간, 달걀,
대구, 연어, 전갱이, 참치, 꽁치, 가다랑어,
정어리, 고등어, 장어

| 조언 한마디

애견의 몸 상태를 잘 관찰하면서 무리하지 않도록 도와주세요. 함께 즐기는 것이 최우선입니다.

디톡스가 필요한 개

노폐물 배출을 도와 건강을 회복시키자

→ 어디가 아픈지 명확하지 않고 다양한 증상을 보인다면 먼저 디톡스를 해주세요.

해독이란 무엇인가?

해독이란 간이 체내에서 독성 물질 등 몸에 부담을 주는 성분을 없애는 작용입니다. 해독된 성분은 신장에서 소변으로 배출됩니다.

간과 신장이 제대로 작용하지 않아서 몸속에 병원체나 화학물질 등의 노폐물이 쌓이면 여러 증상이 나타납니다. '몸의 균형이 무너졌다'는 신호인데, 많은 반려인이 그 뜻을 이해하지 못합니다. 애견의 몸을 건강하게 유지하려면 체내에 노폐물을 배출시키는 것이 매우 중요합니다.

병원에서 특정 증상만을 상담하면 원인이 아닌 증상만을 치료할 수 있습니다. 증상은 근본 원인, 즉 몸의 노폐물을 제거하면 저절로 없어집니다. 어떤 증상이 함께 나타나는지 잘 파악해야 합니다.

반려인의 흔한 고민거리

반려인은 애견이 해독에 좋은 음식을 먹었는데도 바로 효과가 나타나지 않으면 불안해합니다. 피부병으로 고생하던 반려견 대부분은 한 달이 지나면서 변화가 생기고 3개월 정도가 지나자 개선되었다고 합니다. 그러나 체내에 쌓인 노폐물의 양이 많거나 배설 능력이 안 좋은 개는 시간이 좀 더 걸립니다.

아픈 개의 몸은 원상태로 건강하게 되돌아가려는 작용을 합니다. 꾸준히 애견을 지켜봐주는 것이 중요합니다.

효과적인 영양소와 그 효능

우선 수제 음식으로 수분을 충분히 섭취시키고 적절한 운동을 하게 해서 몸의 대사량을 높입니다. 그러면 지금까지 체내에 축적된 여러 가지 노폐물이 소변뿐만 아니라 혈액으로도 배출됩니다. 이때 간이 유해물질을 처리하려고 활발하게 움직이기 시작합니다.

따라서 간 기능을 강화하는 영양소가 필요합니다. 조개류에 풍부한 타우린이나 브로콜리와 무 같은 채소에 함유된 글루코시놀레이트는 간의 작용을 보조합니다. 또 수분 보충을 위해서 바지락이나 재첩으로 육수를 낸 국을 주는 것이 좋습니다.

디톡스 중에는 체내에서 활성산소가 많이 발생하므로 독성을 없애는 항산화물질이 필요합니다. 음식에 클로로필이나 폴리페놀, 과산화효소, 아스타잔틴 등이 풍부한 연어나 양배추 등을 넣어주세요. 세포의 표면을 보호하거나 피로감을 줄이는 효과도 기대할 수 있습니다.

또한 배설 능력을 향상시키는 데 동아의 대표적 성분인 칼륨이 좋습니다. 이뇨 효과뿐만 아니라 세포 내의 효소 반응을 돕거나 에너지 대사를 원활하게 하는 효과도 있기 때문이지요. 칼륨이 풍부한 해조류나 신선한 채소, 과일을 충분히 섭취시킵시다.

식사 기준

해독 중에는 배불리 먹이지 않도록 주의해야 합니다. 식사의 소화 흡수에 에너지를 낭비할 수 있기 때문이지요. 하지만 탈수에는 신경을 써주세요. 물을 잘 마시지 않는다면 수제 음식의 국물을 넉넉하게 줘서 수분을 보충할 수 있도록 합시다.

디톡스가 필요한 신호와 증상

체내에 노폐물이 많이 쌓이면 다음 증상이 나타납니다. 당장 심각한 증상이 없더라도 제때 해독을 해줘야 합니다. 수분이 듬뿍 들어간 수제 음식으로 체질을 개선해 줍시다.

- 소변이 진한 노란색이고 냄새가 지독하다
- 구취 및 체취가 지독하다
- 눈곱이 생겼다
- 눈 주위가 변색됐다
- 귀에서 악취가 나고 가려워한다
- 발가락 사이를 자꾸 핥아서 빨갛게 부어올랐다
- 엉덩이를 가려워한다
- 몸에 습진이 생겼다

디톡스가 필요한 개를 위한 간단 레시피

| 만드는 방법 |

1. 냄비에 물과 바지락, 잘게 다진 닭 껍질, 톳, 버섯을 넣는다.
2. 무, 우엉, 호박, 소송채, 아스파라거스, 양배추를 한입 크기로 썬다.
3. 1에 2와 율무를 넣고 채소가 부드러워질 때까지 끓인다. 식으면 바지락 껍데기를 제거한다.
4. 밥을 그릇에 담고, 그 위에 3을 붓는다.

* 식욕이 없을 때는 건더기가 많은 국을 주세요.

Dr. 스사키의 핵심 조언

수제 음식으로 바꾸면 대사가 좋아져 갑자기 여러 증상이 나타나는 경우가 종종 있습니다. 그럴 때마다 반려인은 대부분 당황해합니다.

증상이 나타나는 것은 배설이 시작됐다는 증거일 뿐입니다. 안심하고 기뻐할 만한 신호로 받아들입시다.

디톡스가 필요한 개에게 권장하는 식재료

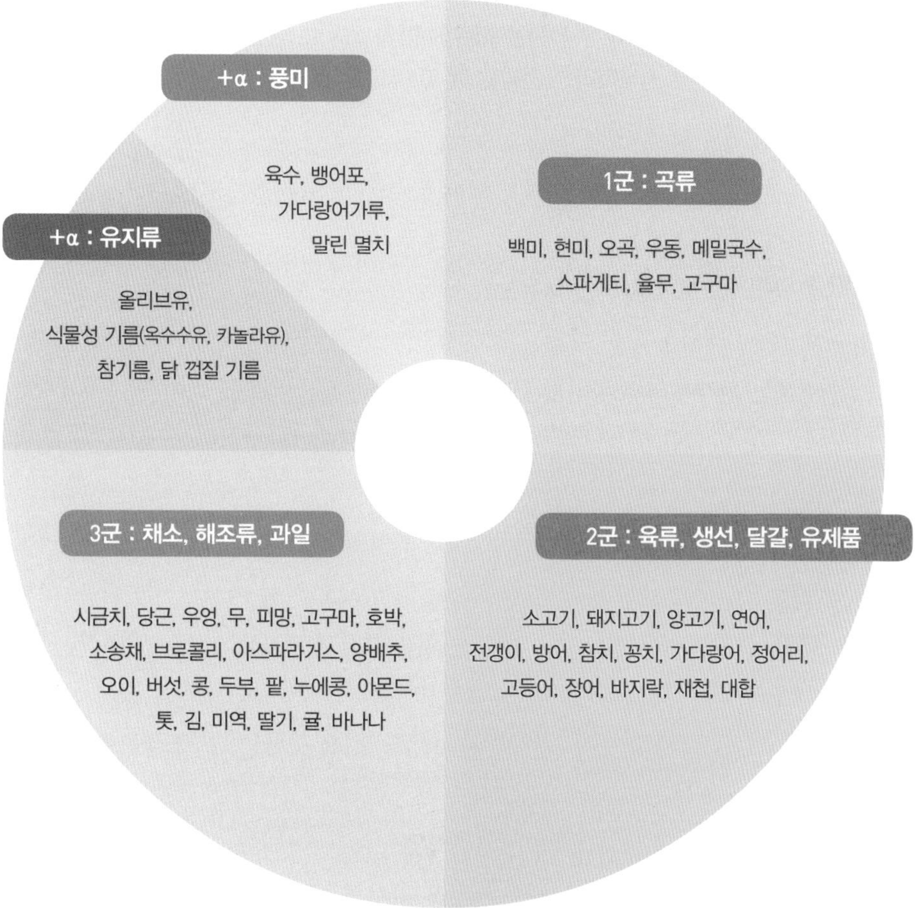

1군 : 곡류

백미, 현미, 오곡, 우동, 메밀국수, 스파게티, 율무, 고구마

2군 : 육류, 생선, 달걀, 유제품

소고기, 돼지고기, 양고기, 연어, 전갱이, 방어, 참치, 꽁치, 가다랑어, 정어리, 고등어, 장어, 바지락, 재첩, 대합

3군 : 채소, 해조류, 과일

시금치, 당근, 우엉, 무, 피망, 고구마, 호박, 소송채, 브로콜리, 아스파라거스, 양배추, 오이, 버섯, 콩, 두부, 팥, 누에콩, 아몬드, 톳, 김, 미역, 딸기, 귤, 바나나

+α : 유지류

올리브유, 식물성 기름(옥수수유, 카놀라유), 참기름, 닭 껍질 기름

+α : 풍미

육수, 뱅어포, 가다랑어가루, 말린 멸치

| 조언 한마디

해독할 때는 배부르게 먹이지 않는 것이 중요합니다. 소화 흡수에 에너지를 너무 많이 쓰지 않도록 식사량을 잘 맞춰주세요.

불규칙적으로 식사하는 개

시간과 정성을 들여서 편식을 극복시키자

→ 불규칙적으로 식사를 하는 습관은 이유에 따라 고치는 방법이 다릅니다. 단순히 음식의 기호에 따른 편식이라면 건강할 때 고쳐야 합니다.

불규칙적으로 식사하는 이유는?

불규칙적으로 식사를 하는 이유는 크게 세 가지로 볼 수 있습니다.

첫 번째는 원래부터 소식하는 경우입니다. 개에 따라 하루에 소비하는 에너지가 다릅니다. 또 과식한 다음날에는 평소만큼 먹지 않습니다. 개는 스스로 양을 조절하므로 억지로 먹일 필요는 없습니다.

두 번째는 사료 외에 다른 것을 먹고 있는 유형입니다. '우리 개는 밥을 전혀 먹지 않는다'며 고민하는 반려인의 이야기를 잘 들어보면 '사실 육포는 먹는다'고 고백하는 경우가 많습니다. 개가 떼를 쓸 때 간식을 주는 것이 습관이 된 것이지요. 가족 중 누군가가 몰래 간식을 줬을 수도 있습니다.

마지막으로는 몸 상태가 나빠서 규칙적으로 식사를 못하는 경우도 있지요.

불규칙적인 식사를 조심해야 하는 이유

식욕이 지나치게 차이가 있을 뿐만 아니라 확실히 야위거나 기운이 없는 등 컨디션이 좋지 않을 때는 주의를 기울여야 합니다. 지금까지 밥을 남김없이 먹어치우던 개가 갑자기 음식을 거부할 때는 어떤 병에 걸렸을 가능성이 있습니다.

최대한 빨리 병원 진료를 받고 불규칙적인 식사의 원인을 찾아 적절한 치료를 받으세요.

건강하지만 불규칙적으로 식사할 때

원래부터 소식을 하거나 식욕이 많지 않은 개들이 있습니다. 다른 개만큼 신경 쓸 필요가 없을 수도 있지요. 사람 중에도 소식하는 사람이 있는가 하면 많이 먹는 사람도 있듯이 개마다 차이가 있다는 사실을 기억하기 바랍니다.

두 번째 유형의 경우는 간식을 주지 말고 밥을 먹을 때까지 기다리면 됩니다. 눈앞에 음식을 두고 굶어죽는 동물은 없습니다. 마음을 단단히 먹고 다른 음식은 절대로 먹이지 마세요. 항상 먼저 지는 것은 반려인입니다. 또 누군가가 간식을 주지 않도록 가족끼리 규칙을 정하는 것이 좋습니다.

불규칙적인 식사 습관을 개선하려면?

반려견이 식사로 애를 먹인다면 어린아이들에게 주듯이 햄버그스테이크를 만들어 먹여보세요. 요컨대 개가 잘 안 먹는 채소 등을 잘게 다져서 고기나 생선과 함께 섞어주면 잘 먹습니다.

그래도 먹지 않는다면 풍미를 더해 입맛을 돋워주세요. 반려인이 다양한 방법으로 꾸준히 노력하면 불규칙적인 식사 습관을 극복할 수 있습니다.

불규칙적으로 식사하는 개를 위한 간단 레시피

| 만드는 방법 |

1. 닭 껍질, 우엉, 당근, 톳을 푸드 프로세서 등으로 잘게 썬다.
2. 1과 갈아놓은 소고기를 잘 섞어서 반죽한 뒤, 한입 크기로 동글동글하게 빚는다.
3. 달군 프라이팬에 참기름을 두르고 2를 굽는다.
4. 익을 때까지 잘 구운 후 그릇에 담으면 완성.

* 밥을 잘 먹지 않으려고 할 때는 채소에 고기를 섞거나 풍미를 더하기 위해 닭 껍질의 양을 늘리는 등 여러 방법을 연구해보세요.

불규칙적으로 식사하는 개에게 권장하는 식재료

+α : 풍미

육수, 뱅어포, 가다랑어가루, 말린 멸치

+α : 유지류

올리브유, 식물성 기름(옥수수유, 카놀라유), 참기름, 닭 껍질 기름

1군 : 곡류

백미, 현미, 오곡, 우동, 메밀국수, 율무, 고구마

2군 : 육류, 생선, 달걀, 유제품

소고기, 돼지고기, 닭고기, 간, 달걀, 대구, 연어, 전갱이, 참치, 꽁치, 가다랑어, 정어리, 고등어, 장어

3군 : 채소, 해조류

시금치, 당근, 우엉, 무, 토마토, 피망, 고구마, 호박, 소송채, 멜로키아, 콜리플라워, 브로콜리, 양배추, 오이, 콩, 낫토, 두부, 풋콩, 톳, 김, 미역

| 조언 한마디

식사량은 개마다 다르기 때문에 적게 먹어도 크게 걱정할 필요는 없습니다. 하지만 하고 싶은 대로 하게 내버려두면 나이가 들었을 때 식습관을 고치는 데 몹시 고생하게 됩니다.

PART 2

병을 고치는 영양소 사전

병의 신호를 파악하자!

반려견이 이런 행동을 보이지 않나요?

➔ 대수롭지 않게 보이는 행동이 사실은 심각한 병의 경고 신호인 경우도 많습니다. 평소에 지나치지 않았는지 확인합시다.

병을 일찍 발견하려면 몸 상태를 자주 확인해야 한다

병이 걸렸을 때 나타나는 증상은 몸의 균형이 무너져서 다시 정상적인 상태로 돌아가려고 하는 신호입니다. 이른바 경고를 보내는 것이므로 조금이라도 빨리 깨닫는 것이 중요합니다.

야생의 개가 병에 걸리는 것은 곧 죽음을 의미합니다. 몸 상태가 좋지 않은 티를 내면 천적에게 잡아먹히고 말지요. 그래서인지 개는 참을성이 굉장히 강합니다. 컨디션이 나빠도 좀처럼 드러내려고 하지 않아서 겉으로 몸 상태를 잘 파악하기가 어렵습니다. 언뜻 봐도 어디가 이상한지 알 수 있다면 이미 병이 상당히 진행되었을 가능성이 높습니다.

몸의 이상을 깨달은 반려인이 허둥대며 동물병원에 뛰어왔을 때는 이미 때를 놓쳤을 수 있지요. 수의사가 왜 이렇게 될 때까지 몰랐냐며 묻는 질문에 자신을 끊임없이 책망하기도 합니다.

이런 상황이 일어나지 않도록 평소에 애견의 상태를 확인하는 습관을 들입시다. 그런데 어디를 어떻게 확인해야 하는지 모르는 분도 많을 것입니다. 애견이 보내는 신호를 오른쪽 체크리스트에 정리했습니다. 일주일에 한 번이라도 좋으니 목록을 참고해서 애견을 살펴보세요.

조금이라도 이상함을 느끼면 바로 수의사와 상담을 해야 합니다. 이때 상황을 정확하게 전달하는 것이 중요합니다. 예컨대 기침을 한다면 동영상으로 찍어두는 등 수의사가 직접 보고, 판단할 수 있는 자료를 최대한 준비해두면 좋습니다.

✚ 반려견이 보내는 신호 체크리스트

애견이 다음과 같은 신호를 보내지 않나요? 일주일에 한 번이라도 꼼꼼히 확인해봅시다.

- ○ ❶ 털에 윤기가 없다
- ○ ❷ 배가 이상하게 불룩하다
- ○ ❸ 숨소리가 거칠다
- ○ ❹ 똑바로 걷지 못한다
- ○ ❺ 의자 등에 뛰어오르는 것이 힘들어보인다
- ○ ❻ 화를 잘 낸다
- ○ ❼ 몸에 사마귀 같은 것이 생긴다
- ○ ❽ 무릎 부분이 거무스름해지고 털이 빠진다
- ○ ❾ 다리를 자주 핥는다
- ○ ❿ 엉덩이를 자주 핥는다
- ○ ⓫ 몸을 자주 핥는다
- ○ ⓬ 사물에 자주 부딪친다
- ○ ⓭ 귀를 할퀸다
- ○ ⓮ 몸을 할퀸다
- ○ ⓯ 엉덩이를 비빈다
- ○ ⓰ 쇠약해졌다
- ○ ⓱ 식욕이 없다
- ○ ⓲ 체취가 신경 쓰인다
- ○ ⓳ 코가 건조하다
- ○ ⓴ 귀에서 냄새가 난다
- ○ ㉑ 다리를 질질 끈다
- ○ ㉒ 눈을 비빈다
- ○ ㉓ 잠만 잔다
- ○ ㉔ 산책하러 나가고 싶어 하지 않는다
- ○ ㉕ 비듬, 탈모
- ○ ㉖ 구취가 난다
- ○ ㉗ 눈곱, 눈물 자국
- ○ ㉘ 비만
- ○ ㉙ 밥을 먹어도 자꾸 야윈다
- ○ ㉚ 기생충(벼룩, 진드기)이 잘 달라붙는다
- ○ ㉛ 설사
- ○ ㉜ 변비
- ○ ㉝ 이가 빠진다
- ○ ㉞ 잇몸에서 피가 난다
- ○ ㉟ 소변 색이 빨갛다
- ○ ㊱ 쭈그리고 앉아도 소변을 못 본다
- ○ ㊲ 화장실에 자주 간다
- ○ ㊳ 많이 먹지 않는데도 살이 찐다
- ○ ㊴ 혈변
- ○ ㊵ 구토
- ○ ㊶ 기침을 한다
- ○ ㊷ 림프샘이 붓는다
- ○ ㊸ 식욕 부진, 불규칙한 식사
- ○ ㊹ 만지는 것을 싫어한다

병이 의심된다면 이렇게 하자

체크리스트로 애견의 몸 상태를 확인해봤나요? 각 증상은 병의 신호일 수 있으니 되도록 빨리 수의사와 상담하세요.

병을 치료할 때는 증상이 아닌 근본 원인을 없애야 합니다. 약 등으로 증상만 억제해봤자 문제는 전혀 해결되지 않지요. 일시적으로는 나은 것처럼 보여도 약을 끊거나 줄이는 순간 병이 다시 도지는 경우가 많습니다.

병은 '기를 약하게 한다'고 표현하기도 하는데, 동양의학 관점에서 보면 기의 흐름이 흐트러져서 병이 난다는 뜻입니다. 어떤 경우에 기의 흐름이 흐트러질까요? 대부분은 육체적, 정신적인 스트레스와 체내의 노폐물 축적 때문입니다.

따라서 병을 근본적으로 치료하려면 스트레스를 해소하고 몸속에 있는 병원체나 중금속 같은 유해물질을 배출해야 합니다. 근본 원인을 없앤다면 애견의 기력이 원상태로 돌아와 건강을 회복할 것입니다.

수제 음식으로 체내에 축적된 노폐물의 배출을 돕고 체질을 개선하면 대부분의 증상은 나아질 것입니다.

Dr. 스사키의 핵심 조언

개의 대표적인 심장병인 사상충 감염을 예방하는 약은 모기가 활동하는 계절은 물론 사계절 내내 먹이는 것이 안전합니다. 서양에서는 허브를 먹이기도 합니다. 수의사와 상담을 하거나 약을 먹여 사상충만큼은 예방합시다.

증상에 따라 의심되는 병 체크리스트

체크한 항목이 있나요? 애견이 보내는 신호에 따라 다음과 같은 병을 의심할 수 있습니다.

1. 소화기 질환
2. 간 질환, 종양
3. 호흡기 질환(폐, 코), 염증
4. 다리 부상(가시 찔림 등), 관절염, 뇌
5. 다리 부상, 뇌
6. 아픈 부위가 있다, 시력이 나쁘다
7. 체내 오염(배설 불량), 감염증
8. 쓸린 상처
9. 배설 불량, 스트레스
10. 항문샘, 기생충
11. 배설 불량, 감염증, 알레르기성 피부염
12. 백내장
13. 외이염
14. 배설 불량, 알레르기성 피부염
15. 항문샘
16. 암, 간 질환, 소화기 질환, 노화, 탈수 증상
17. 컨디션 불량
18. 배설 불량, 알레르기성 피부염, 지루증
19. 컨디션 불량
20. 외이염
21. 관절염, 탈구, 상처
22. 배설 불량, 알레르기
23. 노화, 컨디션 불량
24. 노화, 컨디션 불량, 다리 관련 질환, 정신적 스트레스
25. 호르몬, 배설 불량, 혈액순환 불량, 약 부작용
26. 치주 질환, 구내염, 위염
27. 배설 불량
28. 노화, 과식, 운동 부족, 해독 중
29. 당뇨병, 암
30. 배설 불량, 건강 약화
31. 소화기 질환, 장 정비 중, 스트레스, 섬유질 부족, 약 부작용
32. 장 정비 중, 스트레스, 섬유질 부족
33. 치주 질환
34. 치주 질환
35. 방광염, 결석증, 신장염
36. 방광염, 결석증, 신장염
37. 방광염, 결석증, 신장염
38. 대사 불량, 노화
39. 소화기 질환, 암
40. 음식이 체질에 맞지 않는다, 암
41. 심장병, 사상충
42. 염증, 관절염, 암
43. 소화기 질환, 컨디션 불량
44. 감염증, 통증

식이요법의 효과

음식과 병의 관계를 살펴보자

➔ 식사를 수제 음식으로 바꾸면 병이 낫는 이유는 무엇일까요? 식이요법의 효과를 살펴봅시다.

질병 개선과 식사의 관계

먼저 병에 걸리는 대부분의 이유는 배설 불량 때문입니다. 몸 밖으로 배출해야 하는 필요 없는 물질이 체내에 쌓여 병을 만드는 것이지요. 지금까지 내보내지 못한 노폐물을 배출하게 되면 몸의 균형이 원래의 정상적인 상태로 돌아오고 병이 개선될 가능성도 높아집니다.

따라서 수분이 많은 음식을 먹는 식이요법이 필요합니다. 체내에 쌓인 노폐물을 소변으로 내보내 몸을 깨끗하게 유지해야 병을 이겨내고, 건강을 회복할 수 있습니다.

지금까지는 많은 사람들이 증상을 없애고, 영양을 보충하는 데만 초점을 맞춰 연구해왔습니다. 하지만 그 방법으로는 근본적인 문제를 해결하기 어렵습니다.

왜 그러한 증상이 나타나는지 원점으로 거슬러 올라가면 체내에 축적된 노폐물을 배출하는 것이 얼마나 중요한지 알 수 있습니다. 배설 작용으로 어떤 특정한 증상을 억제할 수 있을 뿐만 아니라 체질이 근본적으로 개선되어 결과적으로 여러 가지 병도 고칠 수 있습니다.

그런 점에서 수제 음식은 탁월한 선택입니다. 실제로 많은 반려인이 효과를 봤습니다.

애견에게 맞지 않는 음식이 병을 만들어낸다

저는 아버지가 뇌경색으로 쓰러진 일을 계기로 식이요법을 시작했습니다. 병원에서 아버지에게 고혈압과 고지혈증 때문에 함께 먹으면 안 되는 약과 음식을 알려줬습니다. 하지만 병세가 나아지지 않자 아버지는 식이요법을 시작했습니다. 그러자 증상이 눈에 띄게 개선되었습니다. 약으로 낫지 않던 병이 식사로 좋아진 것이지요.

당시 저는 대학원에서 알레르기 연구를 하고 있었는데, 알레르기가 있는 동물에게도 똑같이 식이요법을 시험해보고 싶었습니다. 동물에게 시험한 결과, 마찬가지로 병이 개선되었습니다. 알레르기를 단순히 약으로만 억제하지 말고 왜 그 증상이 나타났는지에 집중한다면 근본적으로 해결할 수 있습니다.

그 후 연구를 거듭해서 1999년부터 병원에서 식이요법을 실천하기 시작했는데, 그 결과 3년 동안이나 결석증을 앓던 개가 몇 주 만에 완치되거나 암을 선고받은 개가 다시 건강해지는 것을 제 두 눈으로 몇 번이나 확인했습니다.

한방에는 '이병동치異病同治'[서로 다른 질병이라도 발병 증상이 같으면 동일한 방법으로 치료할 수 있다는 이론]라는 말이 있는데, 식이요법이 바로 이 말에 어울립니다.

음식으로 병을 키울 수도, 치료할 수도 있습니다. 지금까지 키우는 애견의 상태에 맞춰서 밥을 준 적이 있나요? 아니면 모든 영양소가 들었다는 사료만 주었나요? 언제나 부족하거나 넘치는 것보다 필요한 만큼만 섭취시키는 것이 좋습니다.

Dr. 스사키의 핵심 조언

처방받은 사료를 먹던 개는 수제 음식으로 바꿨을 때 여러 증상이 나타날 가능성이 높아집니다. 이는 지금까지 처방 사료를 먹어서 억제되었던 증상이 나타났다는 뜻입니다. 자연스러운 반응이니 당황해할 필요는 없습니다. 이 점을 잘 이해한 뒤에 수제 음식을 먹이기 시작해야 합니다. 약을 함께 먹이려면 식이요법에 정통한 수의사와 상담하세요.

식사만으로는 고칠 수 없는 병

수제 음식으로도 이 병은 치료할 수 없다

➔ 수제 음식에 효력이 있다고 해도 고칠 수 없는 병은 반드시 존재합니다. 어떤 병이 있을까요?

뇌신경 및 호르몬 계통에 생긴 병을 치료하기는 매우 어렵다

골절 같은 외과적인 부분은 음식으로 고칠 수 없다는 사실을 여러분도 잘 아실 것입니다. 겉으로 보면 무슨 병인지 판단하기 힘든 '뇌 장애' '치매' '내분비 질환' 같은 병도 식이요법으로는 고치기 어렵습니다.

방광염 등을 제외하면 수제 음식은 꾸준히 먹어야 효과가 나타나기 때문에 먹는다고 해서 바로 몸에 변화가 생기는 건 아닙니다. 또 음식을 바꾸면 모든 병을 고칠 수 있을 것이라고 지나치게 기대하면 안 됩니다.

이를테면 음식을 먹는다고 부러진 뼈가 붙지 않는 것처럼 뇌와 같은 신경 네트워크가 중간에 끊어지면 다시 연결하기 어렵습니다. 호르몬 계통 질환이 생겼을 때 장기를 원상태로 되돌리기도 매우 어려우며, 노화를 완벽히 막는 것도 불가능합니다.

이른바 키보드와 마우스는 교체할 수 있어도 컴퓨터 하드 디스크가 망가지면 너무 복잡해서 쉽게 고칠 수 없는 것과 같습니다. 마찬가지로 동물의 뇌신경과 호르몬 계통의 질환은 식사만으로 해결하기 굉장히 어렵습니다. 게다가 일반적으로 병의 원인을 단정할 수 없어서 근본적인 치료법도 확립되어 있지 않습니다.

한편 식이요법이 특별히 효과를 발휘하는 부분도 있습니다. 내장 계통의 만성질환과 생활습관병은 거의 치료할 수 있습니다. 애견이 건강하게 오래 살려면 날마다 축적되는 노폐물로 생기는 여러 질환을 예방하고 치료하는 것이 매우 중요합니다.

반려견은 어떤 신호를 보낼까?

뇌 장애
• 다리를 절고 떤다 • 무엇이든지 지나치게 무서워한다 • 통증을 느끼지 못한다 • 말을 걸어도 반응이 없다 • 안구가 좌우로 미세하게 흔들린다

치매
• 지나칠 정도로 계속 짖는다 • 멍하니 있다 • 입을 꽉 다물지 못한다 • 침을 흘린다 • 갑자기 이상한 행동을 한다

내분비 질환
• 몸이 지나치게 커졌거나 작아졌다 • 허약해서 병에 잘 걸린다 • 몸이 늘어진다 • 털이 많이 빠진다 • 물을 지나치게 마시고 싶어 한다

일반적인 치료 방법은?

위와 같은 병은 아직 근본적인 치료법을 모릅니다. 뇌신경 질환에는 항우울제 등을 투여하거나 내분비 질환에는 부족한 호르몬을 주사하는 등 대증요법만 있습니다.

과연 증상만 억제하는 치료가 애견에게 효과적일까요? 이러한 약은 부작용을 일으키기도 하고 장기간 복용하면 효력이 사라지는 경우도 있습니다.

보통 잘 낫지 않는 병에 걸린 개는 꾸준히 보살펴주는 것이 가장 중요합니다. 애견이 아파한다고 해서 반려인 본인도 기죽지 말고 어떻게 하면 함께 즐거운 시간을 보낼 수 있을지 고민하는 것이 서로가 행복하게 지낼 수 있는 비결입니다.

예방을 위한 식사는 있을까?

최근 연구에서는 앞서 언급한 질환들의 원인으로 감염증을 의심하고 있습니다. 그러면 감염증의 발단이 되는 부분은 어디일까요? 바로 병원체의 침입 경로인 점막입니다.

평소 수제 음식에 점막을 강화하는 비타민A와 베타카로틴이 풍부한 식재료를 적극적으로 넣어주세요. 치주 질환 예방을 위한 양치도 중요합니다. 컨디션이 좋지 않은 개에게는 병원체 감염 가능성이 있는 식품은 위험하므로 생식보다는 가열 조리 음식을 추천합니다.

또한 체내에 독소를 축적시키지 않으려면 수분이 풍부한 수제 음식을 주는 게 좋습니다.

질병 예방에 좋은 영양소

	영양소	기능	음식
1	나이아신	혈액순환을 촉진해서 빠른 치유를 돕는다.	땅콩, 잎새버섯, 고등어
2	베타카로틴	점막을 강화한다.	당근, 소송채, 호박 등 녹황색 채소
3	비타민C	면역력을 강화한다.	무, 양배추, 과일
4	비타민B1	피로를 해소한다.	돼지고기, 콩 제품
5	비타민B2	세포 재생을 촉진한다.	유제품, 녹황색 채소, 콩 제품, 달걀노른자
6	비타민B6	면역력을 강화한다.	정어리, 가다랑어, 바나나
7	비타민B12	엽산의 기능을 돕는다.	정어리, 고등어, 연어, 달걀, 낫토
8	비타민E	감염증에 대한 저항력을 기른다.	식물성 기름, 참깨
9	엽산	세포의 정상적인 기능을 유지한다.	시금치, 브로콜리, 콩, 간

노폐물 배출에 좋은 영양소

	영양소	기능	음식
1	칼륨	몸속 나트륨을 배출한다.	토마토, 감자, 고구마, 사과, 톳, 미역
2	식이섬유	장속 유해물질을 배출한다.	우엉, 브로콜리, 팥, 현미, 아몬드
3	타우린	간 기능을 강화하고 노폐물 배출을 촉진한다.	바지락, 참치, 고등어
4	안토시아닌	활성산소를 제거한다.	흑미, 적양배추, 블루베리
5	황	유해 미네랄을 배출한다.	무, 달걀, 콩, 참치, 우유

구내염, 치주 질환

예방을 위해 양치하는 습관을 들이자

입안이나 치아에 생기는 질환은 생각보다 눈치채기 어려워서 증상이 악화되기 쉬울 뿐더러 온몸에 영향을 끼칩니다. 가장 쉬운 예방법은 양치 습관 들이기입니다.

증상

구내염은 입의 점막에 염증이 난 상태로, 사람과 마찬가지로 하얀 습진이 생기거나 빨갛게 부어오르기도 합니다.

치주 질환은 잇몸 등 치아 주변에 염증이 생기는 병입니다. 병이 진행되면 잇몸이 붓고 고름이 나올 수도 있습니다.

두 질환 모두 음식을 먹기 힘들어져서 자연스레 식욕이 떨어집니다. 음식에 흥미를 보이는데도 먹으려고 하지 않을 때는 이 질환을 의심해보세요.

원인

상처처럼 외상때문일 수도 있지만 대부분은 세균이나 바이러스 등에 감염되어 생깁니다. 대체로 입안에 남아 있는 이물질이 원인인데, 치아 사이에 음식 찌꺼기나 치태가 쌓여 그 속에서 번식한 세균이 염증을 일으킵니다.

또 점막의 저항력이 약해지면 세균에 쉽게 감염됩니다. 이러한 감염증 때문에 생기는 입안의 질환은 다른 전신 질환의 원인이 되기 쉽습니다.

동물병원에서 실시하는 치료 방법

치석 등을 제거하고 항생물질을 투여하며, 염증이 심할 경우에는 스테로이드 연고를 사용합니다. 다양한 애견용 양치도구로 입안을 깨끗하게 합니다.

 Dr. 스사키가 추천하는 홈케어 방법

병원체 예방으로는 입안을 청결히 하는 것이 가장 중요하므로 날마다 양치를 해주는 것이 좋습니다.

이때 방부제가 첨가된 치약보다 살균 효과가 있는 식물 농축액, 이를테면 쉽게 구할 수 있는 무나 우엉을 갈아서 짠 즙을 사용해보세요. 예전부터 치아 건강에 효과적인 조릿대를 끓인 차를 활용해도 좋습니다.

양치할 때는 칫솔로 잇몸에 공기가 통하도록 치아와 잇몸 사이를 닦아주세요. 입안에서 번식하는 균은 산소로 어느 정도 억제할 수 있기 때문입니다.

그런데 어지간해서는 양치를 혼자서 해주기 어렵습니다. 개는 입안을 건드리면 싫어하므로 몸통을 꽉 눌러줄 사람이 필요하지요. 유견일 때부터 양치 습관을 들여놓지 않으면 좀처럼 쉽게 할 수 없습니다.

도저히 양치를 못할 것 같은 개라면 채소즙을 입안에 흘려 넣어주세요. 입안이 산뜻해지고 입안의 유해균이 감소해서 구내염 증상도 점점 나아질 것입니다. 시중에서 판매 중인 유산균이 섞인 파우더를 먹여도 좋습니다.

수제 음식으로 구내염, 치주 질환을 치료한 라나 이야기

라나, 치와와, 4세

라나가 갑자기 식욕을 잃어서 동물병원에 갔더니 치주 질환이 심각하다며 의사가 발치를 권유했습니다. 내키지 않아서 인터넷으로 검색하다가 스사키 선생님을 알게 되었지요. 스사키 선생님은 발치하지 않아도 회복할 수 있는 수준이라고 하셨습니다.

바로 그날부터 수제 음식을 먹이고 입안 관리를 시작했습니다. 식사를 바꾼 날부터 사흘 동안은 구취가 하수구 냄새처럼 심해서 깜짝 놀랐습니다. 다행히 4일째부터 냄새가 진정되었고, 한 달 뒤에는 완치되었습니다. 중도에 포기하지 않기를 잘했습니다.

효과적인 영양소

• 비타민A : 비타민A와 베타카로틴은 세균에 감염되지 않도록 점막을 강화하는 데 필요한 영양소입니다. 병의 회복과 성장에도 큰 도움을 줍니다. 그중에서도 녹황색 채소에 풍부한 베타카로틴은 강력한 항산화작용으로 몸의 면역력을 높입니다.

• 비타민B군 : 몸 전체의 기능을 강화하는 비타민B군에는 세포 재생을 촉진하는 효과도 있습니다. 특히 비타민B2는 구내염에 특효약으로 쓰입니다. 나이아신은 혈액순환을 좋게 하고 치유를 빠르게 합니다.

 식사로 개선하는 방법

비타민이 부족하면 점막의 저항력이 약해져서 구내염이나 치주 질환이 쉽게 생깁니다. 입의 점막을 강화하는 데 효과적인 비타민A와 베타카로틴, 비타민B군이 풍부한 식품을 충분히 섭취시키기 바랍니다.

또 입안에 증상이 나타나는 다른 이유는 소화기 계통이 약해져서 그렇습니다. 그럴 때는 손상된 위 점막을 보호하는 양배추 등을 적극적으로 먹입시다.

애견이 밥을 먹기 힘들어할 때는 푸드 프로세서 등으로 잘게 갈아주는 방법도 있습니다. 식욕이 전혀 없을 때는 유동식을 만들어서 입에 넣어줘도 좋습니다.

구내염, 치주 질환에 효과적인 간단 레시피

| 만드는 방법 |

1. 냄비에 물과 멸치, 잘게 다진 톳을 넣고 끓인다.
2. 당근, 브로콜리, 고구마, 우엉, 양배추를 한입 크기로 썬다.
3. 1에 2와 밥을 넣고 채소가 부드러워질 때까지 끓인다.
4. 3을 식혀 그릇에 담고 올리브유 1티스푼을 뿌린다. 삶은 달걀을 다져서 위에 올리면 완성.

* 입안의 염증이 심해서 먹기 힘들어하면 푸드 프로세서 등으로 갈아주세요.

구내염, 치주 질환의 증상 완화 및 예방 효과가 있는 식재료

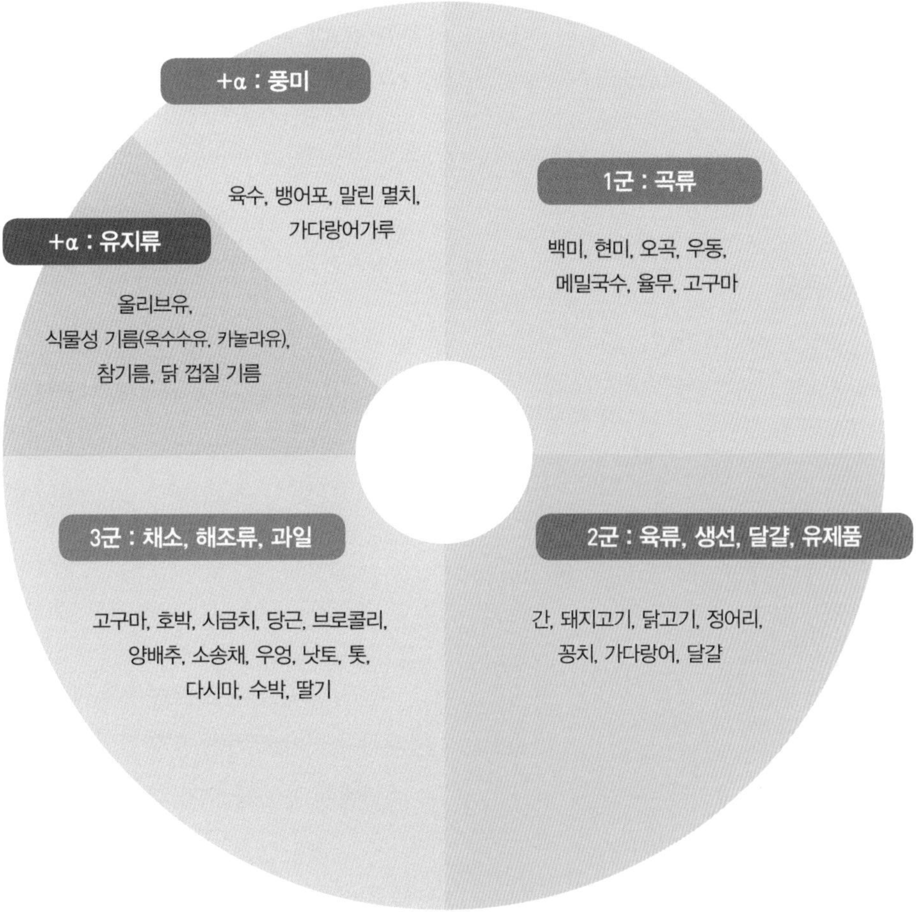

+α : 풍미

육수, 뱅어포, 말린 멸치, 가다랑어가루

1군 : 곡류

백미, 현미, 오곡, 우동, 메밀국수, 율무, 고구마

+α : 유지류

올리브유, 식물성 기름(옥수수유, 카놀라유), 참기름, 닭 껍질 기름

3군 : 채소, 해조류, 과일

고구마, 호박, 시금치, 당근, 브로콜리, 양배추, 소송채, 우엉, 낫토, 톳, 다시마, 수박, 딸기

2군 : 육류, 생선, 달걀, 유제품

간, 돼지고기, 닭고기, 정어리, 꽁치, 가다랑어, 달걀

| 조언 한마디

입안의 점막을 튼튼하게 하려면 비타민이 풍부한 음식을 섭취할 수 있도록 신경 써주세요. 그중에서도 비타민A와 베타카로틴은 필수적으로 섭취해야 하는 영양소입니다.

세균, 바이러스, 진균증

이겨낼 수 있도록 저항력을 길러주자

➔ 세균이나 바이러스는 곳곳에 수없이 많이 존재합니다. 체내에 침입하더라도 발병하지 않도록 저항력을 길러주는 것이 중요합니다.

증상

식욕이 사라지고 열이 납니다. 때로는 콧물을 흘리고 기침을 하거나 설사와 구토를 합니다. 피부병이나 결막염을 일으키거나 악화되면 뇌에도 영향을 미쳐서 간질로 쓰러지기도 합니다.

초기에 식욕 부진 및 발열을 보일 때 알아차리는 것이 중요합니다. 조금이라도 걱정되는 부분이 있으면 빨리 동물병원으로 데려갑시다.

원인

세균이나 바이러스, 진균이 몸속에 침입했기 때문입니다. 감염 경로는 병원체가 묻은 음식을 먹어 걸리는 경구 감염, 병에 걸린 개의 재채기로 옮는 공기 감염, 감염된 개를 직접 만져서 걸리는 접촉 감염, 어미가 새끼에게 옮기는 모자 감염 네 종류가 있습니다.

병원균에 감염되면 반드시 발병한다고 할 수는 없지만 증상이 나타나는 것은 그만큼 체내 저항력이 떨어졌다는 신호이기도 합니다.

동물병원에서 실시하는 치료 방법

세균이 원인일 때는 항생물질이나 항균제를 사용합니다. 바이러스에는 효과적인 약이 없으므로 세균 감염과 마찬가지로 항생물질 등으로 세균의 2차 감염을 예방하고 안정을 취하게 합니다.

Dr. 스사키가 추천하는 홈케어 방법

이 감염증을 일찍 발견하려면 평소에 애견을 꼼꼼히 관찰해야 합니다. 특히 개의 건강 정도는 시력으로도 알 수 있는데, 이는 평소에 잘 관찰해야 판단할 수 있습니다.

일찍 재우는 것도 중요합니다. 낮이나 밤이나 밝은 환경에서 사는 개가 많은데, 이런 개들은 몸의 리듬이 깨져서 스트레스가 쌓일 수 있습니다. 몸을 회복하는 시간인 밤에도 환한 상태에 있으면 건강에 좋지 않습니다.

가능하면 반려인의 생활습관을 바꾸는 것이 좋지만 쉽지 않다고 하는 분도 많습니다. 그럴 때 집 안에 애견이 편히 잠들 수 있는 어두운 장소를 만들어주세요. 수면 중에는 깨우지 않도록 조심해야 합니다.

또한 예전부터 과일 씨의 알맹이에 세균 및 바이러스 예방과 치료 효과가 있다고 전해집니다. 때때로 개의 입에 넣어주는 것도 좋습니다. 단, 씨앗의 얇은 막에는 독소가 함유된 것이 있으므로 주의해야 합니다. 제대로 벗겨서 씨앗 알맹이만 먹이세요.

수제 음식으로 세균, 바이러스, 진균증을 치료한 마메 이야기

마메, 믹스견, 9세

마메가 어느 날부터 피부를 긁기 시작하더니 온몸에서 고름이 나오고 털이 빠지며 딱지가 생겼습니다. 게다가 여기저기 심하게 긁어서 피까지 나더군요. 스사키 선생님에게 진찰을 받았더니 먼저 감염증을 고치자고 하셨습니다.

병원체 치료 프로그램도 따르면서 수제 음식을 먹였는데, 처음 3개월 동안은 증상이 전혀 나아지지 않아 불안해졌습니다. 그런데 4개월째부터 거짓말처럼 증상이 가라앉았고, 반년 만에 완전히 나았습니다. 덕분에 음식의 효력을 다시 보았습니다.

효과적인 영양소

- 비타민A : 세균이나 바이러스가 침입하는 부분인 눈과 코, 목 등의 점막을 강화하려면 비타민A를 섭취시켜야 합니다. 눈의 건강을 유지하기 위해서도 필요한 영양소입니다.

- 비타민C : 면역력을 강화하려면 항산화 비타민인 비타민C를 섭취시켜야 합니다. 콜라겐을 생성하고 점막을 보호합니다.

- DHA, EPA : 생선에 풍부한 이 불포화지방산은 감염증을 예방하는 데도 매우 좋습니다. 면역력을 좋게 유지하고 염증을 억제합니다.

식사로 개선하는 방법

감염증을 예방하려면 신선한 채소나 과일로 면역력을 높이는 비타민을 보충해주세요. 생선의 지방에 함유된 DHA와 EPA도 세균 및 바이러스 치료에 효과적인 성분입니다. 평소의 식사에 적극적으로 넣어주면 좋습니다.

또한 진균 대책으로는 마늘이 좋습니다. 파의 일종이라서 대량으로 섭취하면 빈혈을 일으킬 우려도 있지만, 조금 먹는 정도는 괜찮습니다. 2~3일에 한 쪽 정도를 주고 혈뇨가 나오는 증상이 사라지면 그때 양을 늘려도 됩니다. 다만 애견에게서 나는 마늘 냄새는 너그럽게 봐주세요.

세균, 바이러스, 진균증에 효과적인 간단 레시피

| 만드는 방법 |

1. 냄비에 물과 잘게 다진 미역, 톳, 재첩을 넣고 끓인다.
2. 연어, 당근, 브로콜리, 양배추를 먹기 좋은 크기로 썬다.
3. 1에 2와 다진 마늘, 밥을 넣고 채소가 부드러워질 때까지 끓인다. 식으면 재첩 껍데기를 제거한다.
4. 3을 그릇에 담고 참기름 1티스푼을 뿌리면 완성.

세균, 바이러스, 진균증의 증상 완화 및 예방 효과가 있는 식재료

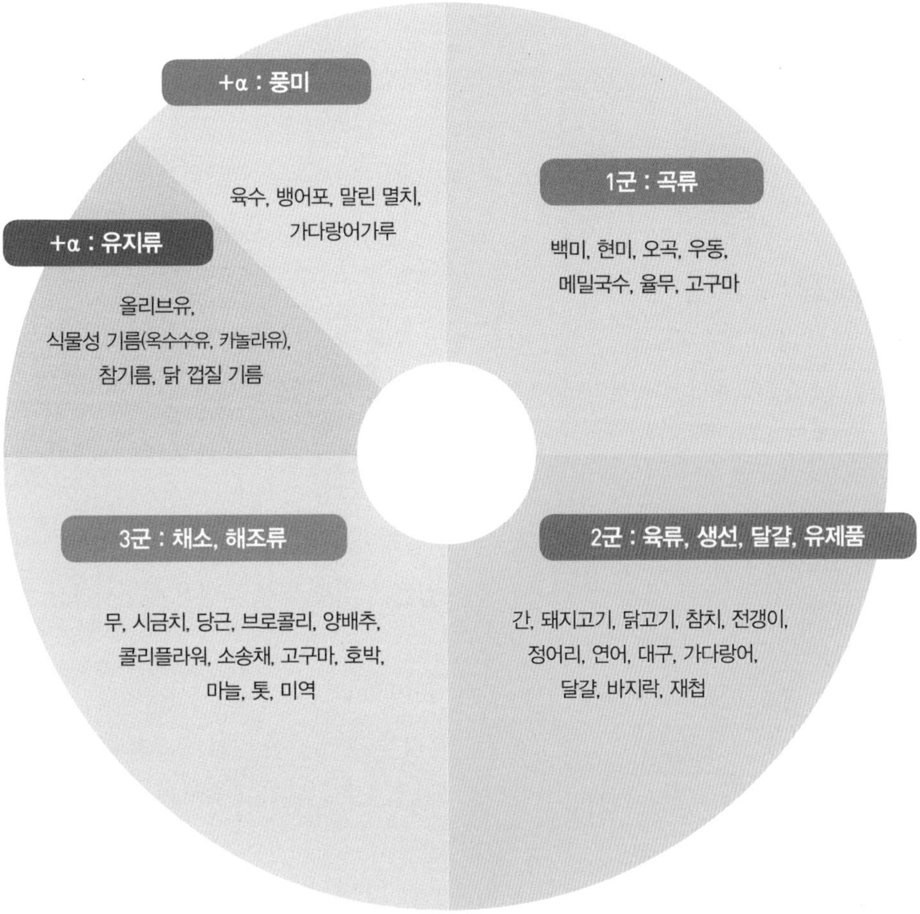

+α : 풍미

육수, 뱅어포, 말린 멸치, 가다랑어가루

1군 : 곡류

백미, 현미, 오곡, 우동, 메밀국수, 율무, 고구마

+α : 유지류

올리브유, 식물성 기름(옥수수유, 카놀라유), 참기름, 닭 껍질 기름

3군 : 채소, 해조류

무, 시금치, 당근, 브로콜리, 양배추, 콜리플라워, 소송채, 고구마, 호박, 마늘, 톳, 미역

2군 : 육류, 생선, 달걀, 유제품

간, 돼지고기, 닭고기, 참치, 전갱이, 정어리, 연어, 대구, 가다랑어, 달걀, 바지락, 재첩

| 조언 한마디

감염증에 걸리면 비타민과 미네랄을 많이 소모하게 됩니다. 이 성분들을 보충하면 증상이 어느 정도 개선됩니다.

배설 불량

많은 병의 원인이 배설의 문제다

➔ 배설 불량 증상을 체질로 치부해버리기 쉽습니다. 애견의 컨디션 불량을 시간이 지나면 괜찮아지는 증상 등으로 무시하고 있지 않나요?

✚ 증상

눈곱이 생기거나 체취가 심해지며, 눈과 입 주위, 발끝의 털이 변색되기 시작합니다. 또 피부에 지방 덩어리가 생기거나 왁스 상태의 노폐물이 나오기도 합니다.

대부분 이러한 증상은 '체질이라서 어쩔 수 없다'는 말로 가볍게 넘기기도 합니다. 이럴 때는 배설 불량을 의심해보는 것이 좋습니다.

눈과 코, 입, 모공 등에 보이는 증상들은 원래 소변으로 배출되어야 할 노폐물이 여러 가지 형태로 나타난 것입니다. 이 증상들은 전부 배설 불량이 원인이라고 볼 수 있습니다.

배설이 잘 이루어진다면 증상은 차차 가라앉습니다. 가벼운 피부병이라도 오랫동안 방치해두지 마세요. 간이나 신장에 부담을 줘서 전신 질환으로 진행될 수 있기 때문이지요. 절대로 포기하지 말고 식이요법으로 근본적인 문제를 해결하세요.

Dr. 스사키의 핵심 조언

노견을 기르는 분일수록 지방종 고민이 많은데, 개가 나이를 먹으면서 배설 불량이 잦아지기 때문에 지방종이 생깁니다.

사료를 수제 음식으로 바꾸기만 해도 지방종은 잘 생기지 않습니다. 이미 수제 음식을 먹이고 있는 분이라면 내용물을 다시 한번 살펴보세요. 식사량을 줄이면 스트레스를 받을 수도 있으므로 밥이나 육류, 생선을 줄이고 채소의 비율을 늘려주세요.

몸의 소화·흡수·배설 모델

입에서 항문까지 소화가 원활하게 이뤄지도록 하는 것이 중요합니다. 배설이 잘되지 않으면 세포에서 노폐물을 배출하지 못해서 몸속에 독소가 쌓이고 여러 가지 증상이 나타납니다.

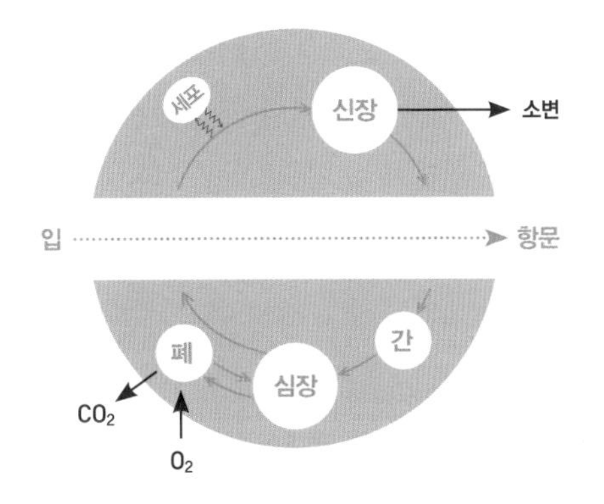

원인

수분 섭취량이 부족하면 소변을 충분히 만들지 못하고, 노폐물이 체내에 막혀서 여러 가지 증상을 일으킵니다. 평소 건식 사료만 먹고 물을 자주 마시지 않는 개일수록 배설 불량을 겪기 쉽습니다.

애견의 소변을 잘 관찰해보세요. 진한 노란색이면 수분이 부족하다는 증거입니다. 운동을 꾸준히 하지 않는 애견은 몸 전체의 대사도 나빠져서 배설 능력이 떨어집니다.

과식에 따른 비만이 원인일 수 있는데, 체지방이 늘어나면 대사 능력이 떨어져서 몸에 노폐물이 쉽게 쌓입니다. 화학물질이 몸속에 다량 들어올 때도 배설 불량 증상이 나타납니다. 심지어 화학물질은 물보다 지방에 잘 녹아서 배설 불량을 악화할 수 있습니다.

또한 몸에 유해물질의 양이 많으면 이를 분해하려는 간의 해독 능력이 따라가지 못해서 노폐물이 쌓이기도 합니다.

한편 개에게 채소를 주지 않는 반려인이 많은데, 이뇨 작용을 하는 음식을 오랫동안 먹이지 않으면 배설 불량이 생길 수 있습니다.

동물병원에서 실시하는 치료 방법

눈곱이 끼면 안약을 넣거나 눈 주위를 씻깁니다. 몸에서 냄새가 나거나 털에 이상이 생기면 약용 샴푸 등으로 깨끗하게 관리하는 방법도 있습니다.

한편 자주 샴푸로 씻기라는 수의사의 조언을 따르다가 증상도 나아지지 않고, 반려인도 지치는 경우가 많습니다.

어떤 수의사는 애견의 지방종으로 병원을 찾은 반려인에게 샴푸 등을 건네주며 "원래 이 견종에게 잘 생겨요."라는 한마디로 이해시키려 할 때도 있습니다. 방치하면 암에 걸리니 빨리 제거하는 게 낫다며 여러 차례 수술을 해서 몸과 마음에 상처를 입고 우리 병원을 찾는 개도 많습니다.

Dr. 스사키가 추천하는 홈케어 방법

피부 질환으로 고생하는 개를 기르는 반려인은 "샴푸 목욕은 몇 주마다 시켜야 할까요?"라는 질문을 자주 합니다. 피부가 건조해졌을 때는 샴푸를 쓸 필요는 없습니다. 피부가 끈적거리고 축축할 때는 병원체가 번식하기 쉬워지므로 자주 샴푸로 목욕시켜주세요. 체취가 심할 때만 샴푸 목욕을 해도 충분합니다. 샴푸 목욕을 시킬 때 샴푸가 입에 들어가지 않도록 조심하세요. 또 어떤 성분과 첨가물이 들어 있는지 살펴보고 샴푸를 고르세요.

부분만 지저분할 때는 미지근한 물로 가볍게 씻겨주세요. 드라이 샴푸로 몸을 청결하게 유지시키는 방법도 추천합니다.

샴푸 목욕을 하고 나면 개들은 신경 쓰이는 부분을 핥습니다. 억지로 막거나 "긁지 마!" 하고 호되게 꾸짖지 마세요. 개와 반려인의 스트레스만 늘어날 뿐입니다.

또 안정을 위해 산책을 안 하는 경우도 많은데, 산책은 대사를 촉진시키는 데 매우 중요한 역할을 합니다. 밖에 데려가서 운동을 시킵시다. 운동량을 늘리면 지방종이 잘 생기는 개라도 대사가 향상되어 체질이 좋아집니다.

"우리 개는 산책 중에만 소변을 봐요."라는 말도 자주 듣는데 소변 횟수가 적다는 것은 그만큼 수분 섭취량이 부족하다는 뜻입니다. 집 안에서 소변을 보고 싶어 할 때까지 수분이 풍부한 음식을 주세요.

"신장에 부담을 주지 않을까요?" 하고 우려하는 분도 있을 텐데, 부종 증상이 없는 한 문제없습니다. 평소 수제 음식에 이뇨 효과가 높은 식재료를 더해주면 무리 없이 배설할 수 있으므로 걱정하지 않아도 됩니다.

또한 지방종이나 피부가 끈적거리는 지루증이 생기면 유지류를 줄이곤 하는데, 지나치게 줄이면 피부가 탄력이 사라지고 건조해져서 거칠거칠해집니다. 세포에도 손상을 줄 수 있으므로 지방도 적당히 섭취시켜주세요. 참기름이나 올리브유 등 체내에 잘 축적되지 않는 식물성 기름을 사용하면 좋습니다.

수제 음식으로 배설 불량을 치료한 마슈 이야기

마슈, 토이 푸들, 3세

일반적으로 털이 하얀 개는 눈 주위나 발끝의 털이 변색되는 것이 당연한 줄 알고 있었는데, 친구가 스사키 선생님을 소개해줬습니다. 집과 가깝기도 해서 즉시 진료를 받으러 갔습니다. 진료 결과 전부 배설 불량 신호였습니다. 스사키 선생님이 "이 증상은 수제 음식을 먹이면 개선될 겁니다."라고 해서 그날부터 수제 음식을 먹이기 시작했습니다. 2개월 만에 제법 털이 하얘졌습니다. 심하던 구취도 입안 관리를 시작한 지 3일 만에 없어졌습니다. 배설 불량이 빠르게 나아서 좋았습니다.

효과적인 영양소

- 이눌린, 사포닌: 둘 다 배설을 촉진하는 영양소입니다. 우엉 등에 풍부한 이눌린은 수용성 식이섬유로 장을 깨끗하게 하고 신장 기능을 향상시킵니다. 콩류에 풍부한 사포닌은 신장 기능을 돕고 간 기능 장애를 개선하는 효과도 있습니다.

- 타우린: 어패류에 함유된 타우린은 간 기능을 강화하는 효과가 있습니다. 배설 활동을 원활하게 해서 부종을 개선합니다.

- 안토시아닌: 항산화물질로 알려진 폴리페놀의 일종입니다. 체내의 활성산소 생성을 막고 눈을 건강하게 유지하는 데 도움을 줍니다.

식사로 개선하는 방법

배설 불량에는 수분 섭취량을 늘리는 것이 가장 좋습니다. 수제 음식 중에서도 특히 수분이 많은 국밥을 추천하는데, 국밥을 먹이면 소변을 많이 봐서 대부분의 증상이 나아집니다.

하지만 소변량이 심하다 해서 애견을 동물병원에 데려가면 의사가 신장병이나 당뇨병을 의심할 수 있습니다. 수분량을 늘리면 소변량이 많아지는 것은 당연하므로 식단과 증상 등을 자세히 설명하기 바랍니다.

또한 식사를 바꿔서 몸의 대사가 좋아지면 일시적으로 증상이 악화되어 보일 수도 있습니다. 몸이 정상적인 상태로 돌아가려는 신호임을 기억해두고 침착하게 기다립시다.

배설 불량에 효과적인 간단 레시피

|만드는 방법|

1. 냄비에 해감한 바지락, 말린 멸치, 갈아놓은 우엉, 한입 크기로 썬 자색고구마를 넣고 채소가 부드러워질 때까지 끓인다.
2. 1의 바지락 껍데기를 제거한다.
3. 삶은 우동 면을 한입 크기로 썰어서 그릇에 담고, 그 위에 1을 붓는다.
4. 3에 잘 섞은 낫토를 올리면 완성.

배설 불량의 증상 완화 및 예방 효과가 있는 식재료

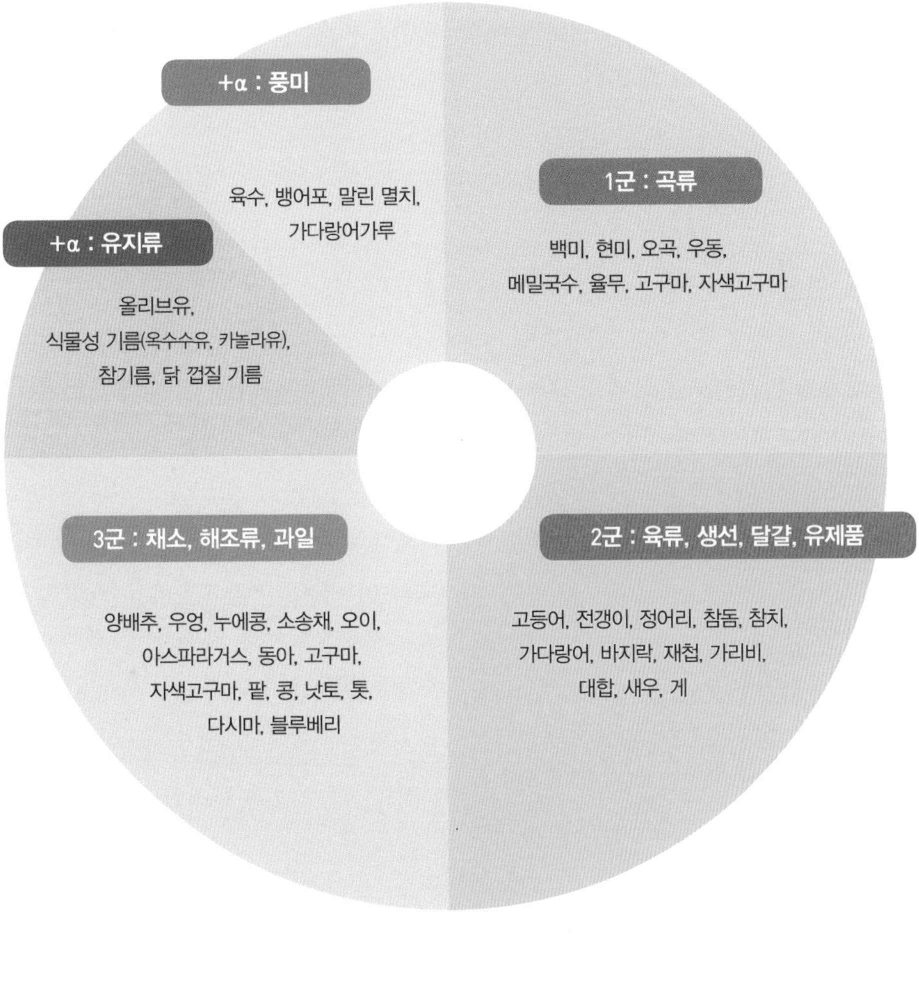

+α : 풍미

육수, 뱅어포, 말린 멸치, 가다랑어가루

1군 : 곡류

백미, 현미, 오곡, 우동, 메밀국수, 율무, 고구마, 자색고구마

+α : 유지류

올리브유, 식물성 기름(옥수수유, 카놀라유), 참기름, 닭 껍질 기름

3군 : 채소, 해조류, 과일

양배추, 우엉, 누에콩, 소송채, 오이, 아스파라거스, 동아, 고구마, 자색고구마, 팥, 콩, 낫토, 톳, 다시마, 블루베리

2군 : 육류, 생선, 달걀, 유제품

고등어, 전갱이, 정어리, 참돔, 참치, 가다랑어, 바지락, 재첩, 가리비, 대합, 새우, 게

| 조언 한마디

소변을 많이 배출시키는 것이 중요합니다. 이때 나타나는 증상은 엉망이 된 몸을 회복시키려고 하는 일시적인 신호이니 너무 걱정하지 마세요.

아토피 피부염, 알레르기성 피부염

증상 억제는 해결이 아니다

➔ 반려견의 아토피 증상은 쉽게 호전되지 않아서 반려인도 힘들어합니다. 이때 수제 음식이 큰 도움이 됩니다.

✚ 증상

피부가 빨갛게 부어오르고 심하게 가려워합니다. 눈과 귀 주변, 발가락 끝과 옆구리, 허벅지 안쪽처럼 피부가 얇은 부위에서 증상이 나타납니다. 개가 자주 핥거나 긁기 때문에 피부에 상처가 나고 짓무르거나 거칠어집니다. 피부는 딱딱해지고 색소 침착이 생기거나 때로는 출혈을 일으킵니다.

증상이 악화되면 가려움증이 온몸으로 퍼져서 불면 증상을 겪기도 합니다. 반려인도 걱정한 나머지 "긁으면 안 돼!"라고 꾸짖으면 애견은 스트레스까지 쌓여 힘들어합니다.

피가 나올 때까지 긁어대면 딱지가 생기는데, 가려움을 참지 못하고 딱지를 계속 벗겨냅니다. 만성질환이 되기 쉽고 증상이 일시적으로 개선되더라도 재발하기 쉽습니다. 밤에 개가 긁는 소리가 신경 쓰이고, 걱정돼 잠을 못자는 반려인도 많습니다.

Dr. 스사키의 핵심 조언

개가 발가락 사이나 허벅지 안쪽을 지나치게 핥는 것은 알레르기 신호일 수 있습니다. 핥은 부분이 빨갛게 붓지 않았는지 잘 관찰하세요. 귀 주위를 자꾸 긁는 개라면 버릇이 아닌 알레르기일 수 있습니다. 뭔가를 먹자마자 이상한 행동을 보일 때는 음식 알레르기를 의심할 수 있습니다. 가끔 알레르기로 고생한다면 매일 먹는 식단을 기록해 어떤 음식 알레르기인지 확인해보세요.

원인

동물의 몸에는 세균이나 바이러스를 제거하는 면역 기능이 있습니다. 체내에 알레르기를 일으키는 성분이 침입하면 종종 면역 반응이 지나치게 작용합니다. 이때 아토피 피부염, 알레르기성 피부염 같은 염증이 생기는 것이지요.

주로 알레르기를 일으키는 성분은 공기를 통해 코로 들어오거나 입을 통해 음식과 함께 체내에 들어옵니다. 몸속에 특수한 항체가 생기고 그것이 비만 세포에 달라붙어서 염증을 일으키는 물질이 생깁니다. 이 물질이 피부에 심한 가려움을 느끼게 합니다.

알레르기를 일으키는 주원인은 단백질인데, 육류나 채소의 단백질도 있지만 꽃가루의 단백질에 반응하는 개도 있습니다. 집 먼지나 진드기뿐만 아니라 모든 사물이 알레르기를 일으키는 원인일 수 있어서 일반적으로 알레르기는 예방할 수 없다고 봅니다.

최근에는 장속에 기생하는 곰팡이가 염증을 일으켜서 뭐든지 흡수하는 상태가 되는 것이 원인이라는 설도 있습니다. 원래 동물의 몸은 단백질을 아미노산으로 분해해 흡수하는데, 알레르기가 생기면 분해하지 않고 있는 그대로 흡수한다는 사실이 확인됐습니다. 이는 소장 입구가 매우 느슨해진 상태라는 것을 의미합니다. 일반적으로는 아미노산 한두 개, 기껏해야 세 개가 소장을 통과할 수 있는데, 알레르기 때문에 단백질이 분해되지 않은 상태 그대로 통과합니다.

이런 현상은 곰팡이 등에 따른 염증일 수 있습니다. 우리 병원에서는 곰팡이 퇴치에 효과가 있는 약을 먹고 증상이 완화된 개가 있습니다. 그중에는 곰팡이를 퇴치하는 약을 먹자 알레르기의 주원인이었던 음식을 먹어도 아무런 반응이 없던 개도 있었습니다. 또 소화 효소를 많이 섭취시키자 단백질이 분해되어 증상이 가라앉는 경우도 봤습니다.

하지만 이는 어디까지나 가설일 뿐이며 앞으로 연구과제이기도 합니다. 참고로 사람의 경우는 곰팡이가 알레르기의 직접적인 원인이라는 사실이 널리 알려져 있습니다.

동물병원에서 실시하는 치료 방법

먼저 알레르기 성분을 특정하는 검사를 실시합니다. 알레르기 성분이 없는 사료를 처방하며 다른 음식을 절대로 먹이지 않도록 수의사가 지시를 내립니다.

하지만 앞에서 살펴봤듯이 '소장 입구가 느슨해진 상태'라서 알레르기를 일으키는 대상이 많아지는 경우도 있습니다. 먹일 수 있는 음식이 얼마 되지 않아 같은 식재료로 다양하게 요리하는 순환 식단표를 짜는 반려인도 많습니다.

일반적으로는 약물요법을 중심으로 치료합니다. 부신피질 호르몬약이나 항히스타민제 등으로 가려움과 염증을 줄이고, 항생물질로 감염증을 막기도 합니다.

증상에 적합한 약용 샴푸로 알레르기 성분을 제거하도록 몸을 잘 씻긴 다음 목욕 후에는 피부가 건조해지는 것을 막기 위해 보습제 등을 발라줍니다.

병원에서 알레르기를 일으키는 원인이라고 생각할 수 있는 집 먼지나 진드기를 조금이라도 줄이기 위해 방 청소를 자주 하라고 권하기도 합니다. 하지만 산책길도 조심해야 하고, 반려인이 아무리 노력하더라도 그 영향을 완전히 제거하기란 상당히 어렵습니다.

Dr. 스사키가 추천하는 홈케어 방법

반려인은 수의사의 지시를 제대로 따라야 합니다. 처방식이나 약을 계속 주는 것에 거부감을 느끼는 분도 있을 것입니다. 여러 치료 방법을 써봤지만 차도가 없다는 분을 위해 다른 선택지인 수제 음식도 있다는 것을 알려드리려고 합니다.

알레르기를 일으키는 원인이 매우 복잡하다고 하지만, 알레르기는 체내 오염이 커져 면역력이 지나치게 작용한 것입니다. 이른바 체내 오염이 한계에 이르러 몸이 정상적으로 반응하지 못한 것이지요.

그래서 배설 불량과 마찬가지로 몸속에 쌓인 노폐물 배출을 최우선 과제로 해결합니다. 수분 섭취량을 늘리고, 병원체나 화학물질, 중금속 같은 유해물질의 배설을 촉진하는 한약으로 노폐물을 제거하면 몸은 원상태로 돌아가려고 할 것입니다. 알레르기 검사에서 양성 반응이 나온 음식을 먹여도 증상이 안 나타나기도 하지요.

또 대사 기능이 저하되었을 때 알레르기 증상을 보이기도 합니다. 집에서 돌볼 때는 자주 산책을 나가서 운동을 시킵시다. 샴푸 목욕을 너무 자주 하는 것은 좋지 않지만 피부를 청결히 유지하는 것도 중요합니다.

환부를 긁어대서 딱지가 생기면 가려움이 한층 더 심해지므로 되도록 딱지가 생기지 않게 주의해주세요. 애견의 입안에 들어가도 괜찮은 연고나 바셀린 등을 발라서 피부를 보호하면 좋습니다.

알레르기를 일으키는 대부분의 개는 장이 제 기능을 못할 때가 많습니다. 장의 점막을 보호하는 효과가 있는 칡으로 장속 관리부터 시작해보세요.(40쪽 레시피 참조)

수제 음식으로 아토피 피부염, 알레르기성 피부염을 치료한 톰 이야기

톰, 미니어처 닥스훈트, 4세

톰은 집에 왔을 때부터 가려움증이 심했습니다. 병원에 갔더니 수의사가 "완치할 수 있는 요법이 없으니 약에 익숙해지게 하세요."라고 하더군요. 하지만 포기할 수 없어서 스사키 선생님에게 진료를 받았습니다.

스사키 선생님은 수제 음식으로 바꾸면 일시적으로 증상이 심해질 수 있다고 했는데, 진짜 그 말대로 심해졌을 때는 불안해졌습니다. 그렇지만 한 달이 지나고부터 증상이 서서히 사라졌고, 1년 정도 지난 지금은 거의 긁지 않습니다. 포기하지 않고 수제 음식으로 바꾸길 잘했습니다.

효과적인 영양소

- 글루타티온 : 항산화물질의 일종으로 독극물 등을 세포 밖으로 배출해서 세포를 보호합니다. 피부의 염증을 완화하는 효과도 있습니다.

- DHA, EPA : 생선의 지방에 풍부한 이 불포화지방산은 체내의 병원체 등을 배출하는 데 좋습니다. 면역력을 좋게 해서 염증을 억제하는 효과도 있습니다.

- 타우린 : 체내 정화를 할 때 간 기능을 강화하는 필수영양소입니다. 소화 작용을 돕고 배설 활동을 원활하게 합니다.

식사로 개선하는 방법

수분 섭취량을 늘리는 것이 가장 중요합니다. 비타민과 항산화물질이 풍부한 식품을 먹여서 세포를 보호하고 배설이 활발하게 하면 증상이 점점 나아집니다.

적었던 소변량이 많아지므로 동물병원에서 진료를 받을 때는 수분이 많은 음식을 섭취하고 있다는 사실을 꼭 설명하기 바랍니다. 증가한 소변량만 알려주면 의사가 신장병이라고 판단할 수 있습니다.

곰팡이 퇴치에는 마늘을 먹이면 좋습니다. 많이 먹이면 빈혈을 일으킬 수 있으니 걱정되는 분은 프로폴리스가 함유된 건강보조식품을 주는 방법을 추천합니다.

아토피 피부염, 알레르기성 피부염에 효과적인 간단 레시피

| 만드는 방법 |

1. 냄비에 물과 잔새우를 넣고 끓여서 육수를 낸다.
2. 정어리를 구워서 뼈와 내장을 발라낸다.
3. 1에 2와 한입 크기로 썬 무, 토마토, 갈아놓은 우엉을 넣고 채소가 부드러워질 때까지 끓인다.
4. 밥을 그릇에 담고, 그 위에 3을 붓는다.
5. 올리브유 1티스푼을 뿌려 풍미를 더하면 완성.

아토피 피부염, 알레르기성 피부염의 증상 완화 및 예방 효과가 있는 식재료

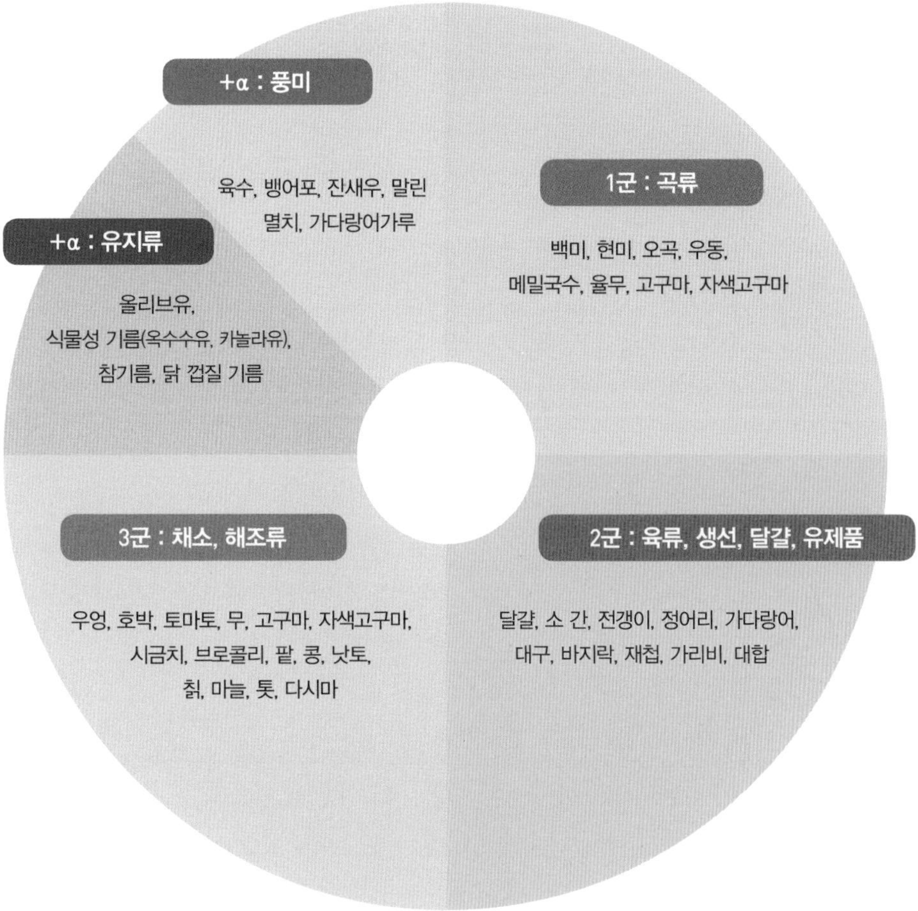

+α : 풍미

육수, 뱅어포, 잔새우, 말린 멸치, 가다랑어가루

1군 : 곡류

백미, 현미, 오곡, 우동, 메밀국수, 율무, 고구마, 자색고구마

+α : 유지류

올리브유, 식물성 기름(옥수수유, 카놀라유), 참기름, 닭 껍질 기름

3군 : 채소, 해조류

우엉, 호박, 토마토, 무, 고구마, 자색고구마, 시금치, 브로콜리, 팥, 콩, 낫토, 칡, 마늘, 톳, 다시마

2군 : 육류, 생선, 달걀, 유제품

달걀, 소 간, 전갱이, 정어리, 가다랑어, 대구, 바지락, 재첩, 가리비, 대합

| 조언 한마디

증상을 없애는 것보다 몸속에 쌓인 노폐물을 배출하는 것이 먼저입니다.

암, 종양

이겨내기 위한 면역력을 길러주자

➔ 무서운 병이지만 치료할 수 없다고 포기하지 않는 것이 중요합니다. 면역력을 높이는 식이요법을 시작합시다.

✚ 증상

전형적인 증상은 몸의 일부가 불룩 튀어나오거나 부어오르는 것입니다. 반려인이 애견의 몸을 만지다가 응어리가 잡혀서 종양을 발견하는 경우도 있습니다. 종양은 다른 부위로 전이되지 않는 양성 종양과 증식을 반복해서 다른 중요한 장기로 전이되어 죽음으로 이어질 가능성이 높은 악성 종양, 이른바 암이 있습니다.

종양이 생기면 기운이 없고 체중이 감소하는 등 여러 증상이 나타납니다. 식도에 생긴 종양이 식도를 압박해서 음식물을 토하기도 합니다. 장에 생긴 종양이 출혈을 일으켜서 혈변을 보는 등 종양이 생기는 위치에 따라 증상이 달라집니다.

구강에 종양이 생기면 구취가 심해지고 침을 흘리기 시작합니다. 뼈에 종양이 생기면 다리를 질질 끌거나 보행에 이상 증세를 보입니다. 위암일 때는 구토하거나 토혈을 하기도 합니다. 일부 악성 림프종은 식욕이 조금 감소하는 정도로 증상이 거의 나타나지 않아서 발견하기 어렵습니다.

Dr. 스사키의 핵심 조언

암이라고 하면 포기하는 분이 많습니다. 저는 암을 체내 오염이 심각한 상태라고 생각합니다. 오염물을 제거하면 몸은 정상으로 돌아옵니다. 체력이 충분하다면 회복할 수 있습니다.

일찍 발견하기 위해서라도 평소에 애견의 몸을 만져보고, 배설 상태는 괜찮은지 확인하세요. 암에 걸리기 전에 미리 암을 공부해두는 것도 필요합니다.

원인

사람을 포함해서 동물의 체내 세포는 일정한 속도로 규칙적으로 분열, 증식합니다. 그런데 어떠한 원인으로 유전자가 손상되면 불규칙적으로 이상하게 증식하기 시작합니다. 이렇게 생긴 이상한 조직이 바로 종양이며, 그중에서도 특히 전이되기 쉬운 악성 종양을 암이라고 부릅니다.

그렇다면 유전자가 손상되는 이유는 무엇일까요? 자외선이나 방사선의 영향, 바이러스와 호르몬의 관여, 나이가 들거나 유전에 따른 것 등 여러 원인이 있지만, 확실한 것은 없습니다.

제가 봤을 때 암은 체내 오염이 한계에 이르러 저항력이 약해진 상태에서 생기는 병이라고 생각합니다. 종양이라는 형태로 나타난 여러 가지 노폐물을 축적한 조직으로도 볼 수 있습니다. 병원체나 화학물질, 중금속 등을 배출하는 한약을 먹였을 때 저항력이 정상으로 돌아오는 사례가 많기 때문입니다.

이 방법으로 회복되지 않을 때는 다시 면역력 강화를 목표로 처방하는데, 체내에서 노폐물을 배출하는 것만으로 암의 자연 치유가 일어나는 경우가 종종 있습니다. 암의 자연 치유라고 하면 기적적인 현상처럼 생각하기 쉽지만 사실은 날마다 우리 몸속에서 일어나는 현상입니다. 체내에는 날마다 암세포가 생겨나는데 그것을 제거하는 기능이 정상적으로 작용하기 때문에 암에 걸리지 않는 것입니다. 제거 기능이 제대로 작용하면 암은 자연스럽게 사라질 것입니다. 따라서 몸속의 노폐물을 제거하는 것으로 암 치료를 시작하기도 합니다.

동물병원에서 실시하는 치료 방법

우선 피부 조직의 일부를 채취해서 조사하는 조직 검사를 통해 종양이 양성인지 악성인지 판별합니다. 또 X선 촬영 등으로 다른 조직으로 전이됐는지 확인합니다. 양성 종양이라고 해도 기본적으로 절제 수술을 많이 합니다.

암의 크기가 지름 1cm 정도일 때는 수술할 때 병원균이 모인 부분과 그 주변의 건강한 부분까지 제거합니다. 초기에 발견된 암은 절제 수술 후에 항암제 등의 화학요법을 실시하면 완치가 가능합니다. 암의 종류를 불문하고 일찍 발견하면 치료될 확률이 높아집니다.

하지만 간암이나 위암 등 복부 종양은 어느 정도 진행된 후에 발견되는 경우가 많아서 수술로 암을 완전히 제거하기 어렵습니다.

또한 뼈에 생기는 암은 그 부위를 절단하거나 구강암은 턱뼈를 절제하는 등 반려인이 결단을 내려야 하는 수술도 있습니다.

전이가 되거나 악성 림프종 같은 혈액 암은 수술이 어렵습니다. 기본적으로는 방사선요법과 항암제로 하는 화학요법을 실시하는데, 부기는 빠져도 털이 빠지는 등 부작용이 따릅니다.

개에게 생기는 암도 사람과 마찬가지로 치료가 어려운 경우가 많으므로 일찍 발견하는 것이 가장 중요합니다.

Dr. 스사키가 추천하는 홈케어 방법

가장 먼저 병원체와 화학물질, 중금속을 제거하는 것에 집중하세요. 체내에서 노폐물이 배출되면 몸은 자연스럽게 정상적인 상태로 돌아가려고 합니다. 암이 치유될 것이라 굳게 믿고 치료를 도와주세요.

식이요법에 정통한 수의사와 충분히 상담하면서 수제 음식을 먹이는 것이 좋습니다. 몸속 노폐물을 배출하는 한약을 이용하는 것도 효과적입니다.

또 체내에 활성산소가 지나치게 증가해서 세포가 손상되지 않도록 대책을 세워야 합니다. 면역력을 증강시키는 비타민이나 항산화물질이 풍부한 식재료를 넣은 수제 음식을 먹이는 것은 물론 상황에 맞게 건강보조식품을 먹여도 좋습니다.

젖샘 등 피부에 가까운 부분에 생긴 암은 암세포가 열에 약한 성질을 이용해 뜨겁게 뜸질해서 암세포를 퇴치하기도 합니다.

하지만 애견에게서 열이 날 때 의사의 판단 없이 해열제를 함부로 사용해서 체온을 떨어뜨리려고 하면 안 됩니다. 몸이 암세포를 어떻게든 해치우려고 하는 증거입니다. 반려인은 '지금 우리 개는 암과 싸우고 있다'고 이해하면 됩니다. 체력을 많이 소모하지 않도록 비타민과 미네랄을 적절히 보충해줍시다.

투병 중에는 식욕이 떨어지는 것이 보통입니다. 수분을 충분히 섭취시켜서 탈수 증상만 조심하면 이겨낼 수 있습니다. 물을 마시려고 하지 않을 때는 애견이 좋아하는 맛을 낸 국을 만들어주면 좋습니다.

암에 걸린 애견을 보살필 때는 낙담하지 말고 마음을 굳게 먹어야 합니다. 반려인의 불안한 마음이 애견에게 그대로 전해져서 저항력을 떨어뜨리는 등 부정적인 효과를 줄 수 있기 때문입니다. 최악의 사태도 대비해야겠지만 마지막 순간까지 가능성이 1퍼센트라도 있는 한 포기하지 마세요.

수제 음식으로 종양을 치료한 클라라 이야기

클라라, 골든레트리버, 10세

클라라가 혈변을 보길래 동물병원에 데려갔더니, 장에 종양이 있었습니다. 고령이라 수술은 위험하다며 건강보조식품을 먹인 후 상태를 보자고 했습니다. 그런데 마침 친구에게 스사키 선생님을 소개받고 수제 음식과 암 치료 프로그램을 시작했습니다.

가장 먼저 체취와 구취가 사라졌습니다. 클라라는 밥도 맛있게 먹고 날이 갈수록 건강해졌습니다. 2주 후에는 혈변이 멎었고, 7개월 후에는 종양이 사라졌습니다. 그때 포기하지 않아서 정말로 다행입니다

효과적인 영양소

- 비타민, 미네랄: 암을 개선하려면 여러 비타민과 미네랄을 섭취해야 합니다. 림프구가 정상적으로 기능하는 데 필요하지요. 면역력 강화를 위해 녹황색 채소를 꾸준히 먹이는 것이 좋습니다.

- DHA, EPA : 생선에 풍부한 오메가3 지방산은 혈액순환을 촉진해서 암을 치유하고, 병원체 예방과 치료를 돕습니다.

- 식이섬유: 유해물질을 배출하려면 식이섬유가 반드시 필요합니다. 암 예방을 위해서라도 적극적으로 섭취시킵시다.

식사로 개선하는 방법

먼저 자주 하는 오해를 풀어드리겠습니다. 개가 탄수화물을 섭취하면 암에 걸린다

고 하는데 전혀 있을 수 없는 이야기입니다. 암에 걸린 개에게 탄수화물을 줘도 문제가 없을 뿐 아니라 건강한 개에게는 에너지원이 되기 때문이지요.

면역력을 높이려면 비타민과 미네랄, 항산화물질이 풍부한 채소를 수제 음식에 적극적으로 넣어주세요.

동물성 식품으로는 육류보다 생선을 추천합니다. 혈액순환을 촉진시키는 데 좋은 오메가3 지방산이 풍부한 정어리나 연어 등 생선을 중심으로 먹이면 좋습니다.

암, 종양에 효과적인 간단 레시피

| 만드는 방법 |

1. 냄비에 물과 톳, 명주다시마를 넣고 끓여서 육수를 낸다.
2. 연어, 호박, 무, 브로콜리, 토마토를 한입 크기로 썰어놓는다.
3. 1에 2를 넣고 채소가 부드러워질 때까지 끓인다.
4. 현미밥을 그릇에 담고, 그 위에 3을 붓는다.
5. 올리브유 1티스푼을 뿌려 풍미를 더하면 완성.

암, 종양의 증상 완화 및 예방 효과가 있는 식재료

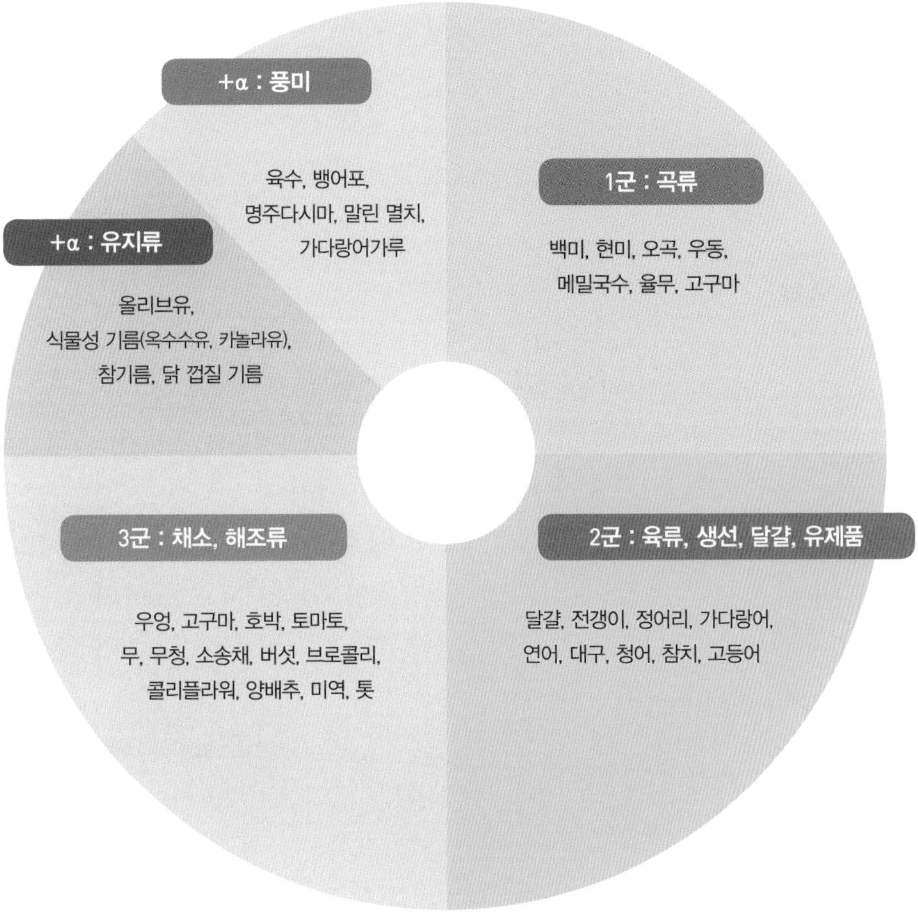

+α : 풍미

육수, 뱅어포,
명주다시마, 말린 멸치,
가다랑어가루

1군 : 곡류

백미, 현미, 오곡, 우동,
메밀국수, 율무, 고구마

+α : 유지류

올리브유,
식물성 기름(옥수수유, 카놀라유),
참기름, 닭 껍질 기름

3군 : 채소, 해조류

우엉, 고구마, 호박, 토마토,
무, 무청, 소송채, 버섯, 브로콜리,
콜리플라워, 양배추, 미역, 톳

2군 : 육류, 생선, 달걀, 유제품

달걀, 전갱이, 정어리, 가다랑어,
연어, 대구, 청어, 참치, 고등어

| 조언 한마디

포기는 언제든지 할 수 있습니다. 하지만 포기하기 전에 몸속의 노폐물을 배출할 수 있도록 도와주세요. 증상이 호전되는 경우도 많답니다.

방광염, 요로결석

수제 음식으로 바꾸면 효과가 바로 나타난다

→ 방광염은 일찍 발견하기 어렵습니다. 평소에 애견의 소변 상태를 확인하는 습관을 들이세요.

✚ 증상

전형적인 증상으로는 배뇨 횟수가 증가하거나 반대로 힘을 줘도 소변을 못 보거나 잔뇨감을 느낍니다. 기운이 없고 식욕이 줄어들며 열이 나기도 합니다.

방광염에 걸리면 소변이 진한 노란색으로 변하고 탁해집니다. 요로결석은 소변이 반짝반짝 빛나보이는 확실한 증상이 있습니다.

병이 진행되면 냄새가 강해지거나 혈뇨가 나오기도 합니다. 수분 섭취량이 적으면 소변이 방광에 오랫동안 모여 있고, 그동안 적혈구가 파괴되고 혈색소가 녹아서 소변 색이 진해지는 것이지요. 방광 질환은 발견하기가 쉽지 않아서 알아차렸을 때는 이미 만성이 된 경우가 많습니다.

영역을 표시하는 습성과 병의 신호를 헷갈리지 않도록 반려인은 평소에 소변 색 등 상태를 확인하는 방법으로 예방에 힘씁시다.

Dr. 스사키의 핵심 조언

"우리 개는 산책을 나갈 때만 소변을 봐요." 이 말도 자주 듣는 편인데, 우리 병원에 결석증을 치료하러 오는 대부분의 개들이 실내에서 소변을 보지 않습니다. 위와 같은 증상을 보인다면 수분 섭취량을 늘려야 합니다.

하지만 물을 많이 먹이기란 쉽지 않습니다. 수분이 풍부한 음식으로 섭취시키는 방법이 가장 이상적이자 현실적인 대책입니다.

원인

대체로 감염증 때문입니다. 세균이 요도로 침입해서 방광과 신장을 감염시키고 염증을 일으킵니다. 대부분의 방광염은 만성이 되곤 합니다. 세균 감염이 퍼져서 신우신염에 걸리는 경우도 있습니다.

방광이나 신장에 생긴 염증으로 떨어진 세포에 미네랄이 붙으면 결정으로 변하는데, 그것이 결석이 되고 요로결석에 걸립니다. 작은 돌은 오줌으로 나오기 때문에 돌이 상당히 커져야 증상을 알 수 있습니다.

방광염은 수컷보다 요도가 굵고 짧아서 세균이 침입하기 쉬운 암컷에게 많이 발생합니다.

방광이나 신장에는 세균 감염을 예방하는 기능이 있습니다. 그런데도 감염되는 이유는 몸의 면역력이 저하되거나 수분 섭취량이 적기 때문입니다.

결정이 생기더라도 배뇨가 제대로 되면 소변과 함께 흘러나옵니다. 수분만 충분히 주더라도 애견이 결석증에 걸릴 위험을 최소한으로 줄일 수 있습니다.

동양의학에서는 공포심이 방광과 신장을 자극한다고 합니다. 오랫동안 좁은 공간에 갇혀 있었거나 어두운 곳에 방치된 개는 방광염 등에 쉽게 걸릴 수 있습니다.

집에서 키우는 개더라도 백신 접종이 끝날 때까지 외출하지 않는 편이 좋다며 상자 속에 가둬 놓는 반려인이 간혹 있는데 말도 안 되는 이야기입니다. 생후 3개월까지는 여러 사물을 만지는 것이 중요합니다. 스트레스는 물론 방광염과 결석을 예방하기 위해서라도 절대로 애견을 어두운 곳에 가두지 마세요.

동물병원에서 실시하는 치료 방법

방광염이 의심될 때는 소변을 검사해서 소변의 백혈구 수를 조사합니다. 백혈구 수가 평소보다 증가하면 방광염으로 진단합니다. 또 소변 속의 세균 수를 조사하기도 하는데, 요도 등에는 항상 세균이 어느 정도 존재하므로 일정 수 이상을 확인한 뒤에 방광염이라고 진단을 내립니다.

방광염은 항균제나 항생물질을 투여하는 약물요법을 중심으로 치료합니다. 하지만 병세가 진행되고 나서 발견하면 치료가 어렵습니다. 요로에서는 항생물질과 같은 약이 잘 듣지 않기 때문입니다. 만성이 되기 전에 초기 단계에서 확실히 치료하지 않으면 요로결석으로 이어지는 사례도 종종 볼 수 있습니다.

요로결석은 X선 촬영 등으로 결석을 찾고 그 크기와 위치, 상태 등을 검사합니다. 감염증 치료에는 항생물질을 투여합니다.

원칙적으로 결석은 수술로 제거하는데 결석이 그다지 크지 않거나 증상이 나타나지 않는 경우에는 돌을 녹이는 약을 먹이는 등 약물로 하는 내과요법을 실시합니다. 또는 물을 많이 마시게 해서 결석이 소변과 함께 나오도록 합니다.

요로결석은 돌을 수술 등으로 제거해도 감염증 관리를 제대로 하지 않으면 재발할 가능성이 높은 병입니다. 재발하는 주기가 점점 짧아져서 수술을 반복하는 개도 많습니다.

Dr. 스사키가 추천하는 홈케어 방법

애견의 소변을 자주 확인해주세요. 진한 노란색으로 변했다면 이미 어느 정도 진행된 것으로 수분 섭취량이 부족한 상태입니다. 평소에 수분을 듬뿍 섭취시켜서 배설 흐름을 원활하게 만들어놓으면 이런 병에 걸릴 위험은 줄어듭니다.

실내에서 배뇨하지 않는 개는 그 행동이 습관이 아니라 수분 섭취량이 부족하다는 증거일 수 있습니다. 소변량이 충분하지 않아서 산책할 때까지 참는 것입니다.

이럴 땐 애견이 실내에서 소변을 보고 싶어 할 정도로 수분이 듬뿍 들어간 수제 음식을 먹입시다. 그러면 소변을 참지 못하고 이리저리 왔다 갔다 할 것입니다. 그때 배변 패드에 "여기에 해."라고 가르치고 소변을 제대로 보면 칭찬해주세요. 지금까지 그런 습관이 없었다고 해도 이번 기회에 가르쳐주세요. 일단 실내에서 안심하고 소변을 볼 수 있는 환경을 마련해줍시다.

결석증을 예방하려면 소변의 pH를 조절해야 한다고 많은 사람들이 믿고 있지만 저는 본질적으로 관계가 없다고 생각합니다. 하지만 불안한 마음에 조절하고 싶다면 비타민C를 많이 섭취시키세요. 소변이 알칼리성에서 산성으로 변합니다. 이때 새로운 결석이 생긴다고 하는데, 수분량만 충분히 유지하면 괜찮습니다.

또한 X선 촬영으로 돌이 생긴 것을 확인한 경우, 결석 종류와 소변의 pH에 따라 차 종류를 마시게 해서 결석을 녹이는 방법도 있습니다. 단, 방광에 큰 결석이 생기면 점막을 손상해서 염증을 일으키고 결국에는 방광이 제 기능을 못할 수도 있습니다. 최악의 사태를 고려해서 수술로 제거하고 재발 방지에 힘써야 합니다. 수의사와 잘 상담해서 수술 여부를 판단하세요.

수제 음식으로 요로결석을 치료한 가쓰오 이야기

가쓰오, 달마티안, 8세

가쓰오는 6세 무렵부터 요로결석에 시달려서 혈변도 보고 소변이 막혀 굉장히 고생했습니다. 수제 음식을 먹이기 시작했을 때는 날마다 만들었지만 요즘은 밥 위에 올릴 건더기만 미리 만들어 놓습니다. 율무와 닭고기, 무 등을 끓인 건더기를 4일 분량씩 만들어 냉장고에 보관하니 간편하게 먹일 수 있어서 꾸준히 실천하고 있습니다. 덕분에 몸속에 막혀 있던 소변이 거짓말처럼 사라졌고 털의 윤기도 좋아졌습니다.

효과적인 영양소

- 비타민A : 방광의 점막을 강화하고 병원체의 침입을 막습니다. 충분히 섭취시켜 주세요. 특히 녹황색 채소에 풍부한 베타카로틴은 면역력을 높이기 위한 필수영양소입니다.

- 비타민C : 방광의 점막을 보호하기 때문에 반드시 필요한 영양소입니다. 유해물질의 침입을 막고 체내에 결석이 잘 생기지 않게 유지합니다.

- DHA, EPA : 생선에 풍부한 오메가3 지방산은 혈액순환을 좋게 해서 치유를 빠르게 합니다. 면역 기능을 돕고 염증을 억제합니다.

식사로 개선하는 방법

이 병에 가장 좋은 특효약은 맛있는 국밥입니다. 애견이 좋아하는 육류나 생선으로 풍미를 더하고 건더기가 많은 국을 밥 위에 듬뿍 부어서 먹입시다.

이때 녹황색 채소와 생선을 많이 넣어주세요. 비타민A가 풍부한 닭이나 돼지의 간을 사용해도 좋습니다.

수분이 많은 수제 음식으로 바꾸면 증상들은 대부분 가라앉습니다. 그래도 효과가 나타나지 않을 때는 종종 감염증에 걸렸을 수 있으니 수의사와 상담한 뒤 감염증 치료를 하기 바랍니다.

방광염, 요로결석에 효과적인 간단 레시피

| 만드는 방법 |

1. 냄비에 물과 멸치를 넣고 끓여서 육수를 낸다.
2. 소 간, 호박, 시금치, 무, 토마토, 양배추를 한입 크기로 썬다.
3. 1에 2를 넣고 채소가 부드러워질 때까지 끓인다. 간에서 나오는 거품은 제거한다.
4. 밥을 그릇에 담고, 그 위에 3을 붓는다.
5. 참기름 1티스푼을 뿌려 풍미를 더하면 완성.

* 디저트로 비타민C가 풍부한 과일을 주면 좋습니다.

방광염, 요로결석의 증상 완화 및 예방 효과가 있는 식재료

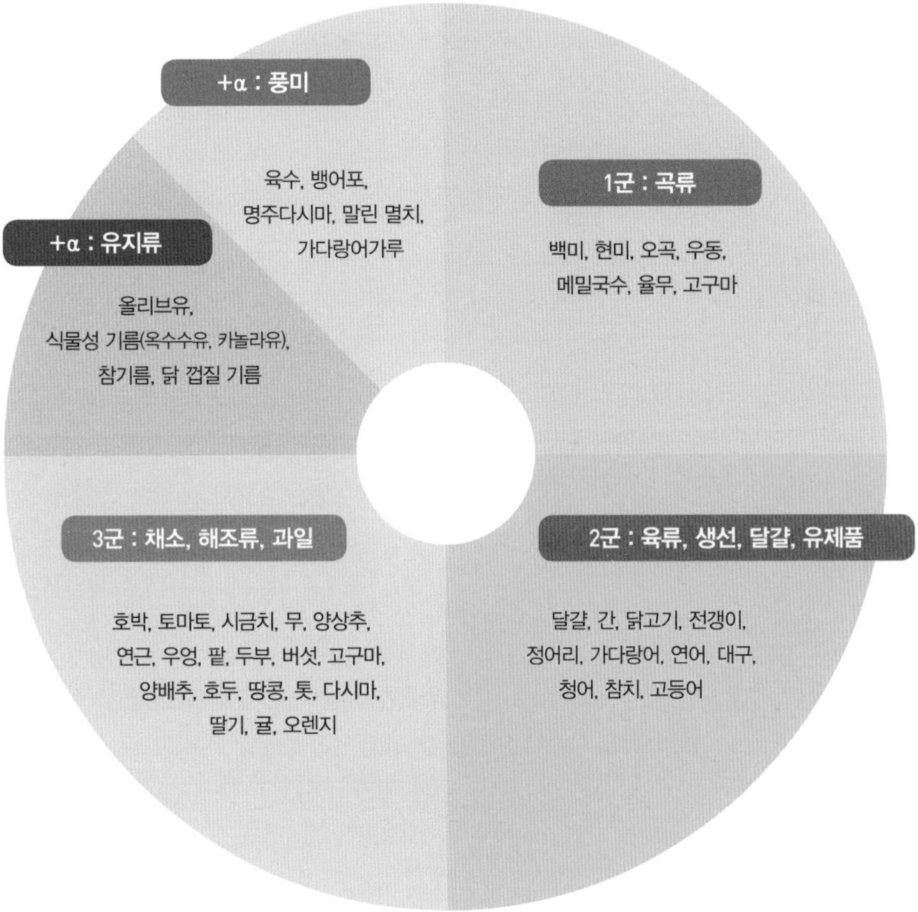

+α : 풍미

육수, 뱅어포, 명주다시마, 말린 멸치, 가다랑어가루

1군 : 곡류

백미, 현미, 오곡, 우동, 메밀국수, 율무, 고구마

+α : 유지류

올리브유, 식물성 기름(옥수수유, 카놀라유), 참기름, 닭 껍질 기름

3군 : 채소, 해조류, 과일

호박, 토마토, 시금치, 무, 양상추, 연근, 우엉, 팥, 두부, 버섯, 고구마, 양배추, 호두, 땅콩, 톳, 다시마, 딸기, 귤, 오렌지

2군 : 육류, 생선, 달걀, 유제품

달걀, 간, 닭고기, 전갱이, 정어리, 가다랑어, 연어, 대구, 청어, 참치, 고등어

| 조언 한마디

이 질환은 수제 음식을 먹이면 효과가 바로 나타납니다. 시작할까 말까 망설이지 말고 일단 수제 음식을 먹여보세요.

소화기 질환, 장염

장을 쉬게 하는 절식이 효과적일 때도 있다

→ 건강한 개도 설사를 간혹 합니다. 하지만 자주 반복되면 소화기 계통 질환을 의심해 보세요.

✚ 증상

구토나 설사가 자주 반복되고 식욕이 떨어지며 기운이 없습니다. 복부가 부풀거나 구취가 심해지는 증상을 보이기도 합니다.

소화기에 이상이 생기면 소화 및 흡수를 충분히 하지 못해 밥을 꼬박꼬박 먹는데도 살이 빠집니다. 이때는 장염을 의심해보세요. 증상이 밖으로 드러나지 않을 수도 있으니 건강검진을 정기적으로 받아야 합니다.

소장에 염증이 생기면 액체 상태의 묽은 변을 보기 쉽습니다. 영양을 흡수하지 못해서 빈혈을 일으키며 체중이 감소합니다. 한편 대장에 염증이 생겼을 때는 변에 피나 점액이 섞이곤 합니다. 배변 횟수가 급증한 것처럼 보이지만 영양은 소장에서 흡수되므로 체중 변화는 크게 나타나지 않습니다.

설사나 구토를 계속하고 병세가 진행되면 쇠약해집니다. 과식했거나 이물질을

Dr. 스사키의 핵심 조언

애견이 설사를 하면 어떻게든 멈추게 해주고 싶어서 치료 방법도 설사를 없애는 데만 초점을 맞추기 쉽습니다. 하지만 증상에는 반드시 원인이 있습니다. 배출하려고 하는 것을 억지로 막으면 안 됩니다.

일단 3~4일 동안 장을 쉬게 하는 것은 어떨까요? 식사 대신 칡가루로 만든 차나 떡(40쪽 참조)으로 수분을 보충해주세요. 굶기는 것이 불안한 분은 하루 두 끼 중 한 끼라도 바꿔보세요.

먹는 등 특별한 원인이 없는데도 설사가 계속될 때는 수의사에게 진찰을 받읍시다.

원인

소화기 계통에 질환이 생기는 원인은 대부분 감염증 때문입니다. 장이 세균이나 바이러스 등에 감염되고, 장의 점막 전체로 퍼져서 염증을 일으킵니다. 대장성 설사가 계속될 때는 기생충이 원인일 수도 있습니다. 이 원인들을 몸 밖으로 내보내려고 해서 장이 수축하고 설사하는 등의 증상이 나타납니다.

예민한 개라면 사람과 마찬가지로 스트레스 때문에 장의 상태가 불안정해질 수 있습니다. 설사를 자주 한다고 '체질 때문에'라는 말 한마디로 단정 짓는 경우도 많습니다. 식사를 아무리 바꿔봐도 애견의 설사가 멈추지 않는다고 고민하는 반려인도 종종 있습니다. 그러나 소화기 계통 질환도 원인은 반드시 존재합니다. 체질이 원인이라고 생각하신다면 오히려 바꿀 수 있다는 마음을 갖고 치료에 임해야 합니다.

간혹 설사를 반복하는 것은 단순히 과식이 습관일 수 있습니다. 음식을 지나치게 섭취하면 몸이 다 흡수하지 못해서 밖으로 내보내는 것은 당연합니다. 하지만 반려인은 이유를 몰라 초조해져서 온갖 방법을 시도하곤 합니다. 먼저 애견의 식습관을 살펴보세요.

장내 세균의 균형은 먹는 음식에 따라 달라집니다. 일부 장내 세균이 과도하게 증식하는 등 균형이 무너질 때도 장염이나 설사를 일으킵니다. 장이 원상태로 돌아가려고 하는 것이니 설사가 계속될 때는 식단을 너무 짧은 간격으로 바꾸지 않도록 주의하세요. 같은 음식을 계속 주면 증상이 가라앉기도 합니다.

동물병원에서 실시하는 치료 방법

장염일 때는 장의 점막에 생기는 염증을 막기 위해 주로 부신피질 스테로이드제를 투여합니다. 기생충에 감염되었을 때는 구충제를 사용합니다.

증상이 심하지 않아 비교적 건강하다면 수의사의 지도에 따라 식이요법과 치료를 병행합니다. 이틀 정도는 고형 음식을 주지 말고 절식시킵니다.

한편 만성이 된 장염은 약으로 일시적으로 증상을 없앨 수는 있어도 완치는 어렵다고 합니다.

설사가 계속된다면 소변 및 대변 검사, 내시경 검사 등을 통해 대장과 소장 중 어느 쪽에 원인이 있는지 판단합니다. 식단도 조사해서 애견이 익숙하지 않은 음식을 먹지 않았는지 확인합니다.

그런 다음 지사제를 투여하고 개에게 기운이 있으면 하루 이틀은 절식시킵니다. 경우에 따라서는 수액을 주사해 수분과 영양분을 보충하면서 물을 주지 않는 방법도 있습니다. 절식이 끝나면 소화가 잘되는 식사를 평소의 절반 정도만 주고 상태를 살핍니다. 그 후에도 한동안은 소화기에 부담을 주지 않는 식이요법을 계속합니다.

또한 설사나 구토로 탈수 증상이 생기면 수액을 주사해서 수분을 보충해주고, 중증일 때는 점적주사를 이용합니다. 중증 빈혈일 때도 수액을 주사하거나 수혈을 합니다.

 Dr. 스사키가 추천하는 홈케어 방법

장염 같은 소화기 계통 질환은 주로 예민한 개가 잘 걸립니다. 스킨십을 충분히 해주는 것이 중요합니다. 자주 쓰다듬거나 함께 놀아주면 반려인의 애정을 느껴서 스트레스가 완화됩니다. 결과적으로 세균 및 바이러스 대응 효과도 생겨서 증상이 가라앉는 경우도 많습니다. 애견과 교감하는 시간을 의식적으로 늘려보세요.

또 설사할 때는 체온이 떨어지는 경향이 있으므로 실온에 신경을 써서 애견의 몸을 따뜻하게 해주는 것도 중요합니다. 수제 음식을 미리 만들어놓고 차가운 상태 그대로 주는 분도 있는데, 살짝 데워서 먹이면 개도 더 좋아합니다. 담요 등으로 감싸서 부드럽게 쓰다듬어 주는 것도 좋습니다. 온몸을 따뜻하게 하고 스킨십도 하는 마사지는 집에서 쉽게 할 수 있으므로 강력하게 추천합니다.(150쪽 참조)

설사 등의 증상을 보일 때는 마사지를 해주세요. 양손을 비벼서 따뜻하게 한 뒤 애견의 배에 손을 얹으세요. 둥글게 원을 그리듯이 부드럽게 마사지를 합니다. 배를 중심으로 어느 부분을 만지면 좋아하는지 반응을 살펴가며 온몸을 쓰다듬어 줍시다. 민감한 개는 손끝에서 주인의 애정을 느끼고 정신적으로도 좋은 영향을 받습니다. 혈액순환이 좋아지는 것은 물론 몸의 면역력도 향상됩니다.

소화기 계통 질환은 구토나 설사로 생활환경을 깨끗하게 유지하기 어렵고, 애견도 꼬질꼬질해져서 심란해지기 십상입니다. 그럴 때는 반려인까지 우울해하면 안 됩니다. 불안해하거나 걱정하는 마음이 애견에게 그대로 전해져서 증상이 더욱 악화될 수 있기 때문입니다.

수제 음식을 먹이기 시작한 뒤 설사 등의 증상이 계속되더라도 원래의 정상적인 상태로 돌아가려고 하는 신호이니 너무 걱정하지 마세요. 시간을 두고 지켜봐주세요. 몸이 정상적으로 작용하는 것이라고 이해하기 바랍니다.

수제 음식으로 소화기 질환, 장염을 치료한 맥스 이야기

맥스, 골든레트리버, 3세

맥스의 설사가 멈추지 않아서 동물병원에서 약을 처방받았습니다. 병원에서는 약을 끊으면 설사를 할 거라며 평생 약을 먹여야 한다고 했습니다. 이후 친구에게 스사키 선생님을 소개받고 바로 수제 음식으로 바꿨습니다.

처음에 스사키 선생님이 "심해질 수도 있지만 2주 동안은 참으세요."라고 말씀하신 대로 맥스는 혈변을 보다가 2주 만에 딱 멈췄습니다. 지금은 아주 건강한 대변을 보고 있습니다.

효과적인 영양소

- 비타민A : 위 점막을 보호하기 위해 필요한 영양소입니다. 그중에서도 녹황색 채소에 많은 베타카로틴은 강력한 항산화 작용으로 면역력을 높이고 감염증 치료에 좋습니다.

- 비타민U : 양배추나 양상추에 풍부한 비타민U는 사람이 복용하는 위장약에도 들어 있는 성분입니다. 장 점막의 대사를 활발하게 해서 점막을 회복시킵니다.

- 식이섬유 : 대변의 상태를 좋게 하려면 식이섬유를 섭취시키는 것이 효과적입니다. 섭취량이 부족하면 장속 환경을 악화하므로 평소 수제 음식에 적극적으로 넣어주세요.

 **식사로 개선하는 방법**

지방분이 적고 소화가 잘되는 식재료를 선택하세요. 비계나 지방이 많은 부위는 먹이지 않도록 합시다. 오징어나 문어 등 소화할 수 없는 음식은 특히 조심해주세요.

장 점막을 보호하려면 칡을 주는 것도 좋습니다. 식욕이 없을 때 칡가루로 차나 떡(40쪽 참조)을 만들어주세요. 에너지를 보충하는 데 도움이 됩니다.

평소에 식이섬유가 풍부한 밥을 줘서 소화기 계통 질환을 예방하고 대변 상태를 좋게 유지하도록 합시다. 단단한 변을 보게 하려면 참마를 추천합니다.

 **소화기 질환, 장염에 효과적인 간단 레시피**

| 만드는 방법 |

1. 냄비에 물과 멸치를 넣고 끓여서 육수를 낸다.
2. 대구, 고구마, 무, 양배추를 한입 크기로 썬다.
3. 1에 2를 넣고 채소가 부드러워질 때까지 끓인다.
4. 밥을 그릇에 담고 3을 붓는다. 그 위에 갈아놓은 참마와 잘 섞은 낫토를 올린다.

* 디저트로 비타민C가 풍부한 과일을 주면 좋습니다.

소화기 질환, 장염의 증상 완화 및 예방 효과가 있는 식재료

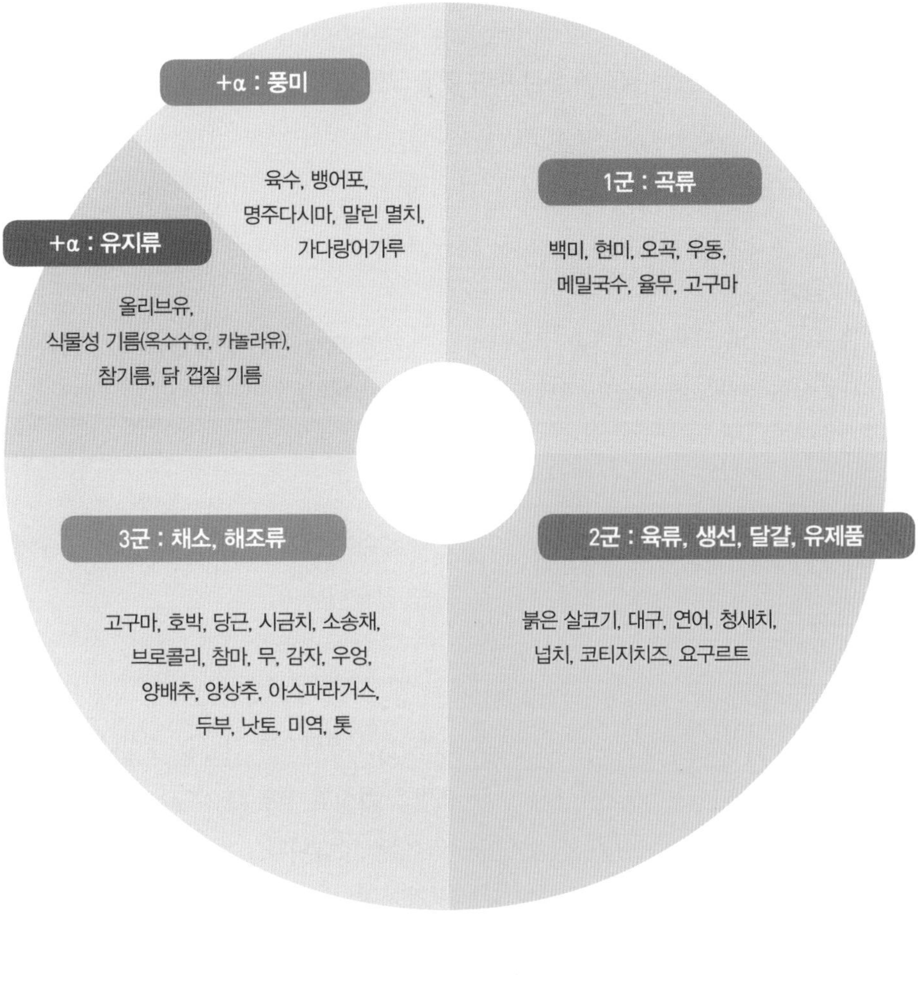

+α : 풍미

육수, 뱅어포, 명주다시마, 말린 멸치, 가다랑어가루

1군 : 곡류

백미, 현미, 오곡, 우동, 메밀국수, 율무, 고구마

+α : 유지류

올리브유, 식물성 기름(옥수수유, 카놀라유), 참기름, 닭 껍질 기름

3군 : 채소, 해조류

고구마, 호박, 당근, 시금치, 소송채, 브로콜리, 참마, 무, 감자, 우엉, 양배추, 양상추, 아스파라거스, 두부, 낫토, 미역, 톳

2군 : 육류, 생선, 달걀, 유제품

붉은 살코기, 대구, 연어, 청새치, 넙치, 코티지치즈, 요구르트

| 조언 한마디

증상을 억제하는 것도 중요하지만, 장속 환경을 깨끗하게 해서 증상이 자연스럽게 사라지는 것을 목표로 합시다.

간 질환

양질의 단백질을 섭취시켜서 간을 재생하게 하자

➔ 간 질환은 증상이 잘 드러나지 않습니다. 발견하면 이미 어느 정도 진행된 경우가 대부분이므로, 간은 평소에 신경 써야 할 중요한 장기입니다.

증상

기운이 없거나 식욕이 감퇴하기도 하지만 특별히 눈에 띄는 증상은 보이지 않습니다. 증상이 진행되면 황달이 나타나는 사례도 있습니다.

원인

병원체에 감염되어 간에 염증이 생깁니다. 분해하기 어려운 화학물질 등이 몸속에 오랫동안 축적되어 간에 무리가 왔다고 볼 수 있습니다.

동물병원에서 실시하는 치료 방법

혈액 검사를 실시해서 간수치가 기준을 웃돌면 간 질환으로 진단을 내립니다. 치료로는 주로 간수치를 조절하기 위한 약물요법을 실시합니다. 간 기능을 강화하는 음식이나 약을 섭취시켜서 증상을 완화하고 진행을 막습니다.

간은 몸속에서 가장 재생 능력이 뛰어난 장기이므로 재생 촉진을 위해 고단백을 중심으로 한 식이요법도 중요합니다.

Dr. 스사키가 추천하는 홈케어 방법 및 식사법

간에 문제가 생겼을 때는 과식시키지 않는 것이 가장 중요합니다. 식사량을 줄이거나 일주일에 한두 끼를 걸러서 간을 쉬게 하면 좋습니다.

동양의학에 '동물동치同物同治'라는 사상이 있습니다. 간 기능을 강화하려면 똑같이 간을 먹이는 방법이지요.

간은 악화되기 전까지 증상이 좀처럼 드러나지 않으므로 예방을 위해서라도 정기적으로 건강검진을 받도록 해줍시다.

간 질환에 효과적인 간단 레시피

| 만드는 방법 |

1. 냄비에 물과 멸치를 넣고 끓여서 육수를 낸다.
2. 닭 간, 당근, 소송채, 순무, 표고버섯을 한입 크기로 썬다.
3. 1에 2를 넣고 채소가 부드러워질 때까지 끓인다.
4. 밥을 그릇에 담고, 그 위에 3을 붓는다.
5. 4에 갈아놓은 참마와 잘 섞은 낫토를 올린다. 올리브유 1티스푼을 뿌려 풍미를 더하면 완성.

간 질환의 증상 완화 및 예방 효과가 있는 식재료

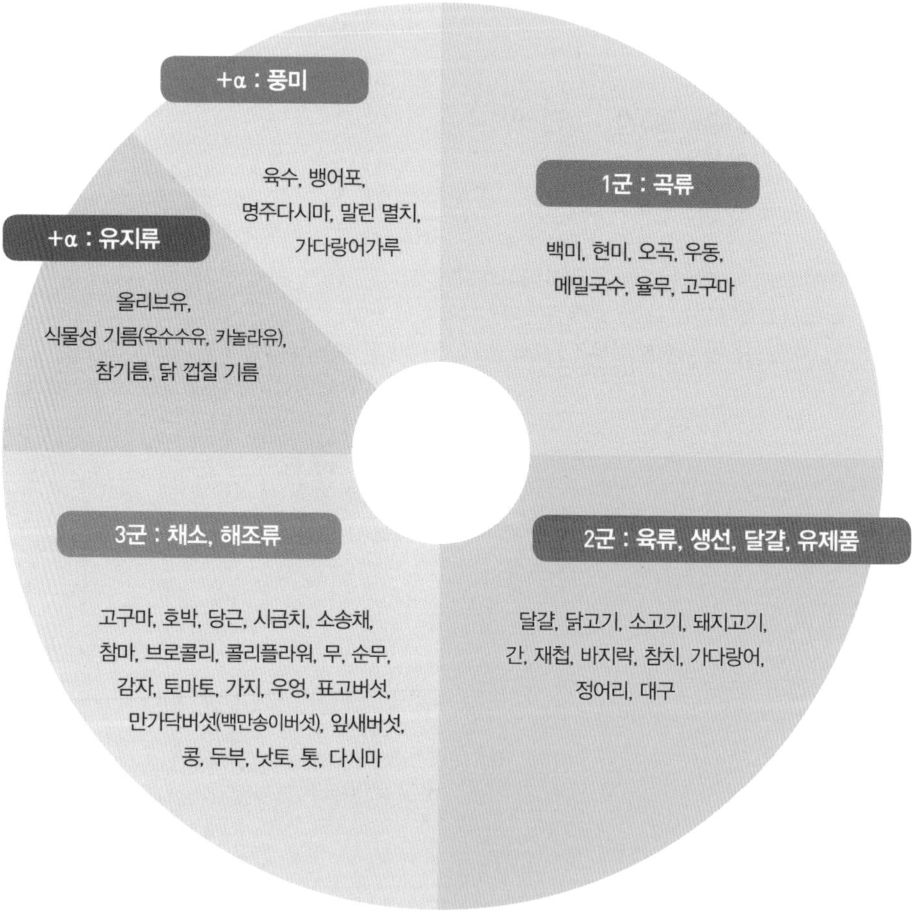

+α : 풍미

육수, 뱅어포, 명주다시마, 말린 멸치, 가다랑어가루

1군 : 곡류

백미, 현미, 오곡, 우동, 메밀국수, 율무, 고구마

+α : 유지류

올리브유, 식물성 기름(옥수수유, 카놀라유), 참기름, 닭 껍질 기름

3군 : 채소, 해조류

고구마, 호박, 당근, 시금치, 소송채, 참마, 브로콜리, 콜리플라워, 무, 순무, 감자, 토마토, 가지, 우엉, 표고버섯, 만가닥버섯(백만송이버섯), 잎새버섯, 콩, 두부, 낫토, 톳, 다시마

2군 : 육류, 생선, 달걀, 유제품

달걀, 닭고기, 소고기, 돼지고기, 간, 재첩, 바지락, 참치, 가다랑어, 정어리, 대구

| 조언 한마디

식사량은 줄이고 간의 재생을 촉진하는 양질의 단백질은 많이 섭취시킵시다.

신장병

식단 관리가 큰 도움이 된다

→ 신장병은 노견에게서 많이 볼 수 있는 질환으로, 평소 식단 관리가 큰 역할을 합니다.

증상

혈액을 여과하는 신장의 기능이 쇠약해지면 체내에 노폐물이 계속 남아 있게 됩니다. 기력이 없어지고 식욕이 감퇴하며, 때로는 구토나 설사를 하거나 탈수 증상도 나타납니다. 중증이면 노폐물이 체내에 대량으로 쌓여서 요독증을 일으키기도 있합니다.

한편 증상이 잘 나타나지 않아 정기검진 등의 혈액 검사에서 신장병이 발견되는 경우가 많습니다.

원인

신장병은 치주병균 때문에 신장에 염증이 생기거나 요도를 통해 병원균이 들어와서 걸립니다. 장속 문제가 원인일 때도 있습니다. 나이가 들고 신장 기능이 쇠약해져서 신장병에 걸리는 개도 많이 볼 수 있습니다.

물을 많이 마시면 신장에 부담을 줘서 병에 걸린다는 설도 있으나 이는 불가능한 이야기입니다. 수분량이 부족하면 배설을 충분히 하지 못해서 오히려 신장병에 걸릴 위험이 높아집니다.

동물병원에서 실시하는 치료 방법

먼저 혈액 검사와 소변 검사를 실시합니다. 그 결과에 따라서 치료법이 달라집니다. 주로 이뇨제를 점적주사하거나 약으로 복용해서 소변량을 늘립니다.

신장병에 걸리면 체내에서 단백질을 대사했을 때 발생하는 질소화합물이 배출되지 않아서 혈액의 질소 농도가 상승하는 고질소혈증이 일어나기도 합니다. 따라서 필요 없는 질소화합물을 흡착하는 활성탄이 함유된 약을 먹여서 예방합시다.

또한 단백질을 최소한으로 줄인 처방 사료를 준비합니다. 이때 물을 마시게 하면 신장에 부담을 줄 수 있다며 수분을 제한하지만, 잘못된 행동입니다. 이뇨제를 투여한 후에 수분을 보충해주지 않으면 탈수 증상에 빠집니다. 체내의 독소 배출을 촉진하기 위해 애견이 마시고 싶어 하는 만큼 수분을 섭취시켜야 합니다.

Dr. 스사키가 추천하는 홈케어 방법

치주 질환은 신장병이 생기는 원인 중 하나로 의심됩니다. 입안 청소는 병원체 감염을 차단할 뿐만 아니라 병세 악화를 막는 데도 좋습니다.

치주 질환 예방을 위해 입안 청소(81쪽 참조)를 적극적으로 해주시기 바랍니다. 평소에 양치하는 습관을 들여야 합니다. 이때 무나 우엉 등의 채소즙, 조릿대를 끓인 물이나 유산균을 이용해도 좋습니다. 양치를 싫어하는 개라면 채소즙 등을 입안에 넣어주는 것만으로도 효과를 볼 수 있습니다.

수제 음식으로 신장병을 치료한 버디 이야기

버디, 셰틀랜드시프도그, 13세

어느 날 버디가 기운이 없어서 병원에 갔더니 신부전이라는 진단을 받았습니다. 점적주사를 맞히고 처방 사료를 먹였지만 맛이 없는지 잘 먹지 않았습니다. 신부전 이전에 영양실조로 죽겠다 싶어서 스사키 선생님에게 진료를 받았습니다.

버디의 몸 상태에 맞는 식단을 짜서 먹이고 병원에서 점적주사도 맞힌 결과, 혈액 검사 수치가 기준치에 가까워졌습니다. 아직까지는 수치가 조금 높은 편이지만 계속 나아지고 있습니다. 버디가 이대로 건강하게 여생을 보냈으면 좋겠습니다.

효과적인 영양소

- 식물성 단백질: 단백질 섭취를 제한해야 할 때는 콩류를 중심으로 채식 식단처럼 음식을 만들어주세요. 그중에서도 영양가가 높은 콩의 단백질은 신장 기능을 도와줍니다.

- DHA, EPA: 생선에 풍부한 오메가3 지방산은 체내에서 병원체를 배출할 때 좋습니다. 또 혈액순환을 좋게 합니다. 신장병을 일으키는 원인인 동맥경화를 예방하는 데도 도움이 됩니다.

- 아스타잔틴: 어패류에 함유된 항산화물질입니다. 체내에 노폐물이 쌓여서 발생하는 활성산소를 막아주므로 적극적으로 섭취시킵시다.

식사로 개선하는 방법

신장 장애의 원인에 따라서 단백질 섭취를 제한해야 하는 경우가 있습니다. 육류를 전혀 섭취시키지 않아도 괜찮은지 걱정하는 사람도 있지만, 개는 잡식성이 강해서 식물성 단백질을 주로 먹인다고 해도 건강하게 생활할 수 있습니다. 콩류를 중심으로 해서 양질의 단백질을 효과적으로 섭취시키세요.

정어리에 함유된 정어리 펩타이드는 신장 기능을 강화합니다. 염분을 문제시하는 분도 있지만, 수분이 충분하고 지나치게 먹이지 않는 한 걱정할 필요는 없습니다. 동양의학에서는 신장이 기능하는 데 짠맛이 중요하다고 봅니다.

신장병에 효과적인 간단 레시피

| 만드는 방법 |

1. 냄비에 물과 말린 정어리를 넣고 끓여서 육수를 낸다.
2. 당근, 소송채, 고구마, 톳을 한입 크기로 썰고, 우엉은 갈아놓는다.
3. 1에 2를 넣고 채소가 부드러워질 때까지 끓이다가 한입 크기로 으깬 두부를 넣고 조금 더 끓인다.
4. 3을 식혀서 그릇에 담고, 참기름 1티스푼을 뿌려 풍미를 더하면 완성.

신장병의 증상 완화 및 예방 효과가 있는 식재료

+α : 풍미

육수, 뱅어포, 명주다시마,
가다랑어가루,
말린 멸치, 잔새우

1군 : 곡류

백미, 현미, 오곡, 우동,
메밀국수, 율무, 고구마

+α : 유지류

올리브유,
식물성 기름(옥수수유, 카놀라유),
참기름, 닭 껍질 기름

3군 : 채소, 해조류

고구마, 호박, 당근, 시금치, 소송채,
아스파라거스, 동아, 우엉, 콩, 두부,
낫토, 팥, 누에콩, 다시마, 미역, 톳

2군 : 육류, 생선, 달걀, 유제품

달걀, 연어, 정어리, 전갱이, 고등어,
꽁치, 참치, 방어, 가다랑어

| 조언 한마디

신장에 주는 부담을 덜어야 할 때는 정어리 펩타이드를 함유한 정어리나 콩류 등으로 단백질을 효과적으로 섭취시키세요.

비만

적절한 운동은 필수! 생활습관도 점검하자

➔ 사람과 마찬가지로 비만은 만병의 근원입니다. 살이 찐 듯한 개는 병의 예방을 위해서 다이어트를 시작합시다.

비만은 왜 위험할까?

애견의 체형을 확인해보세요. 등을 만졌을 때 등뼈가 확실히 만져지나요? 옆구리를 쓰다듬었을 때 갈비뼈가 느껴지나요? 위에서 봤을 때 허리 부분이 들어가 보이나요? 이 세 가지에 해당되면 비만일 걱정은 없습니다.

반려인 중에는 애견의 체중을 신경 쓰는 분도 많은데, 숫자를 지표로 삼으면 문제를 잘못 인식할 수 있습니다. 체중이 많이 나가더라도 근육과 뼈가 튼튼하면 문제없습니다. 체중계의 숫자보다 체형을 잘 살펴야 합니다.

그럼 뚱뚱해지면 어떤 문제가 생길까요? 화학물질은 지방에 잘 녹는 성질이 있어서 지방이 많으면 노폐물이 체내에 쌓이기 쉬워집니다. 또 혈중 지방이 증가해서 동맥경화를 초래하고 여러 장기에 나쁜 영향을 끼칩니다. 게다가 수술 시 비만견은 마취약이 지방에 용해되어 마취가 잘되지 않으며, 마취에서 깨어날 때까지 시간이 더 걸려서 마취 사고 확률이 높아집니다.

Dr. 스사키가 추천하는 홈케어 방법

대부분 비만의 원인은 식단과 운동 부족입니다. 산책을 자주 나가서 운동량을 늘려줍시다.

비만견은 관절에 부담이 가서 운동시킬 수 없는 경우도 있습니다. 그럴 때는 하이드로 테라피라고 해서 물의 부력을 이용해 물속을 걷게 하는 훈련을 추천합니다. 애견 전용 시설을 이용해도 좋지만 소형견은 집에 있는 욕조를 활용하거나 수영을 잘하는 개는 강에서 운동시킬 수도 있습니다.

비만은 사료를 수제 음식으로 바꾸기만 해도 상당한 효과를 기대할 수 있습니다. 예를 들어 건식 사료 100g을 수제 음식으로 계산하면 약 4.5배인 450g에 해당됩니다. 소화 흡수율이 달라서 많이 먹어도 몸이 건강해집니다. 매일 먹이는 수제 음식으로 체지방을 조절할 수 있기 때문이지요.

비만을 해소하려면 규칙적인 생활을 하는 것도 중요합니다. 소식하는 개라 해도 늦은 시간에 밥을 먹으면 살찌기 마련입니다. 밤늦게 음식을 섭취하지 않도록 반드시 일찍 자고 일찍 일어나는 습관을 만들어줍시다.

또한 일찍 일어나서 아침 해를 보면 체내 리듬을 건강하게 유지하고, 젊어지는 효과가 있다고 합니다. 이러한 동기 부여를 갖고 애견과 함께 아침에 일찍 일어나는 습관을 들여도 좋습니다.

살찐 개를 기르는 사람은 비만일 확률이 크다고 합니다. 애견의 비만이 고민되는 분은 자신의 생활습관부터 돌이켜보세요.

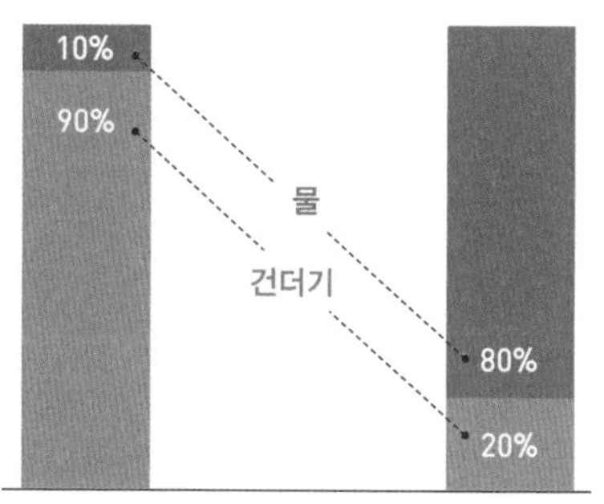

수제 음식으로 비만을 치료한 샌드 이야기

샌드, 미니어처 닥스훈트, 4세

샌드는 먹보라서 닥치는 대로 먹어버립니다. 정신을 차려보니 뒤룩뒤룩 살이 찌고 말았습니다. 친구가 수제 음식을 추천했지만 영양 균형이 무너질까 봐 좀처럼 시작하지 못했습니다. 결국은 샌드가 소파에 못 올라갈 정도로 살이 쪄서 스사키 선생님을 찾아갔습니다.

수제 음식은 제가 불안해질 정도로 방법이 너무나도 간단했고, 정말로 괜찮을까 걱정했지만 시작한 지 3개월 만에 건강해졌습니다. 지금은 이상적인 체중이 되어 가족들의 사랑을 한 몸에 받고 있습니다.

효과적인 영양소

• 비타민B1, 비타민B2 : 비타민B1은 당질을 에너지로 활용하는 것을 돕고, 비타민B2는 지질 등의 에너지 대사를 촉진합니다. 체중 감량 시 필수적인 영양소입니다.

• 구연산: 감귤류 등에 함유된 구연산은 다이어트 효과가 있습니다. 피로 해소에도 효과적이므로 운동할 때 적극적으로 섭취시킵시다.

• 식이섬유: 수용성 식이섬유는 음식물 속에 남아 있는 지방이나 당질의 배출을 촉진합니다. 불용성 식이섬유는 칼로리가 낮고 장속에서 불어나서 포만감을 줍니다.

식사로 개선하는 방법

비만견이 다이어트를 할 때는 수제 음식에 비타민B1이 풍부한 말린 멸치를 많이 넣어주세요. 꾸준히 먹이면 몸이 자연스럽게 튼튼해집니다.

하지만 식사를 바꾸더라도 육포 등의 간식을 주면 좀처럼 효과가 나타나지 않겠지요. 간식으로는 호박이나 당근 등 단맛이 많이 나는 채소를 활용해주세요. 먹으면서 체중을 쉽게 감량할 수 있습니다.

비만에 효과적인 간단 레시피

| 만드는 방법 |

1. 냄비에 물과 말린 멸치를 넣고 끓여서 육수를 낸다.
2. 곤약, 당근, 브로콜리, 우엉, 돼지고기, 파인애플을 한입 크기로 썬다.
3. 달군 프라이팬에 참기름 1티스푼을 두르고 2를 넣고 채소가 익을 때까지 볶는다.
4. 1에 3을 넣는다. 식으면 그릇에 담는다.

비만을 예방하는 식재료

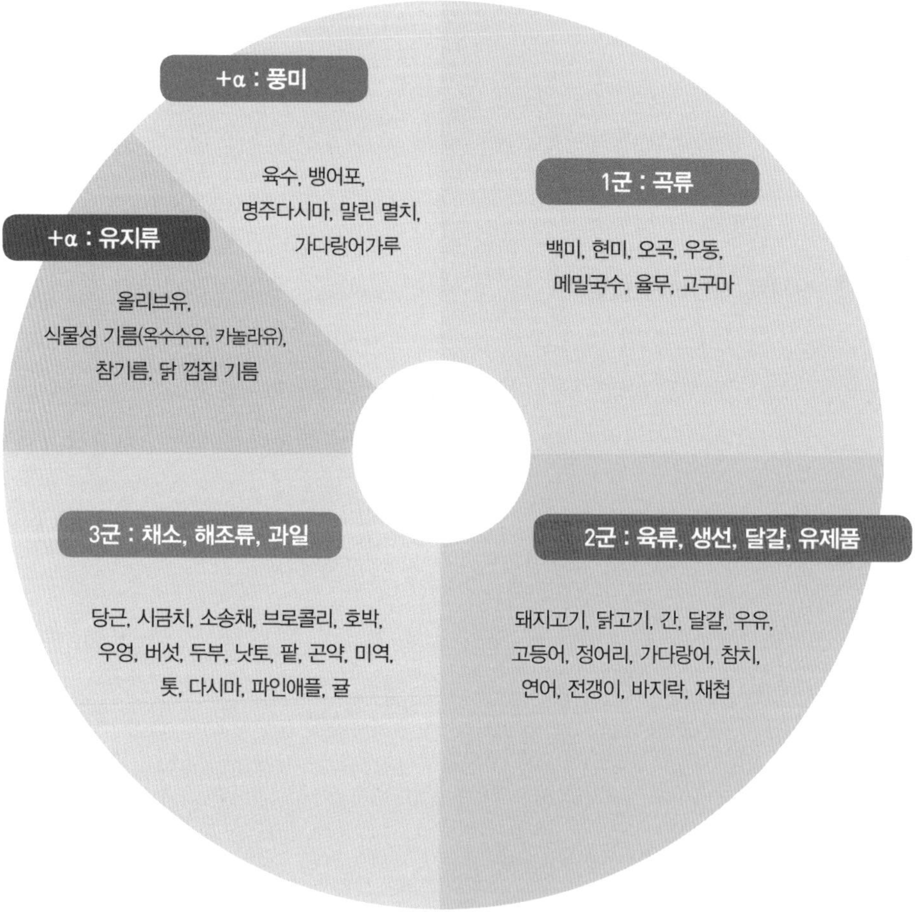

+α : 풍미

육수, 뱅어포,
명주다시마, 말린 멸치,
가다랑어가루

1군 : 곡류

백미, 현미, 오곡, 우동,
메밀국수, 율무, 고구마

+α : 유지류

올리브유,
식물성 기름(옥수수유, 카놀라유),
참기름, 닭 껍질 기름

3군 : 채소, 해조류, 과일

당근, 시금치, 소송채, 브로콜리, 호박,
우엉, 버섯, 두부, 낫토, 팥, 곤약, 미역,
톳, 다시마, 파인애플, 귤

2군 : 육류, 생선, 달걀, 유제품

돼지고기, 닭고기, 간, 달걀, 우유,
고등어, 정어리, 가다랑어, 참치,
연어, 전갱이, 바지락, 재첩

| 조언 한마디

걷지 못할 정도로 살이 찌기 전에 운동을 시킵시다. 음식을 만들 때는 말린 멸치를 자주 활용하세요.

관절염

식사 관리와 함께 적절한 운동을 시키자

➔ 튼튼한 개의 관절에도 염증이 생길 수 있습니다. 산책할 때 애견의 걸음걸이가 정상인지 살펴보세요.

증상

외상이 없는데도 걸음걸이가 이상합니다. 좌우 다리의 균형을 잡지 못하거나 다리를 질질 끌거나 땅에서 발을 들기도 합니다. 통증이나 부기가 있을 때는 산책을 꺼리거나 몸을 만지는 것을 싫어합니다.

관절염이 생기면 높은 곳에 뛰어오르는 것을 힘들어합니다. 이상함을 느낀 반려인이 병원을 찾는데 X선 촬영을 해보면 관절염을 앓고 있는 개들이 많습니다.

원인

태어날 때부터 관절에 이상이 있는 선천성 관절염과 격렬한 운동이나 노화, 비만 등에 따른 후천성 관절염으로 나뉩니다.

선천성 관절염은 뼈가 변형되거나 관절이 어긋난 상태로 태어났기 때문에 수술하지 않으면 완치가 어려운 경우도 있습니다.

후천성일 때는 운동 등으로 자극을 받은 관절이 닳아서 염증이 생깁니다. 또 고령이거나 비만으로 관절에 부담이 가는 경우도 있습니다.

동물병원에서 실시하는 치료 방법

직접 몸을 만져보면서 부기, 압통 등을 진단하거나 X선 촬영 검사를 합니다. 증상에 따라 항염증제나 진통제를 투여하고 상태를 살피기도 합니다. 내과 치료로 효과가 나타나지 않을 때는 수술을 해서 관절을 교정합니다.

 Dr. 스사키가 추천하는 홈케어 방법

관절에 부담이 가지 않도록 운동을 멈추면 증상을 억제하는 데는 효과적이지만 오히려 다리의 힘이 약해져서 관절염을 일으키기 쉬워질 수 있습니다. 운동은 꾸준히 시키도록 합시다.

선천적인 관절염이 있는 개라 해도 근력을 키워야 합니다. 평소에 운동으로 근육을 단련해놓지 않으면 걷기 힘들어질 수 있습니다. 무리가 되지 않게 산책을 시키세요.

환부를 따뜻하게 하는 것도 중요합니다. 염증이 있는 부분에 담요를 덮거나 마사지를 해주는 방법도 좋습니다. 손바닥으로 발끝부터 부드럽게 문질러주면 혈액순환이 좋아져서 염증 개선에도 도움이 됩니다.

관절이 선천적으로 쉽게 어긋나는 개 중에는 습관성 탈구가 있는 경우도 있습니다. 반려인은 걱정스럽겠지만 대부분 일반적인 생활이 가능합니다.

한편 어질리티 경기견이 관절염에 걸려도 증상이 가라앉으면 다시 운동을 시키는 분도 많습니다. 상태에 따라 운동량을 조절해줘야 건강하게 오래 운동할 수 있습니다.

수제 음식으로 관절염을 치료한 럭키 이야기

럭키, 골든레트리버, 8세

동물병원에서 럭키가 관절염이라는 말을 듣고 건강보조식품 등을 조사하다가 스사키 선생님을 알게 되었습니다. 럭키의 증상을 상담했더니 식사와 운동, 일상생활의 주의점 등 종합적으로 조언받았습니다.

조언대로 실천하자 럭키의 몸이 2개월 정도 만에 튼튼해지고, 부자연스러웠던 걸음걸이도 평소대로 되돌아왔습니다. X선 촬영 검사에서도 문제를 발견하지 못했습니다. 한때는 럭키가 앉는 것도 힘들어보였는데 지금 럭키를 보니 식사의 효력이 정말로 대단하다고 느꼈습니다.

효과적인 영양소

- 단백질: 체격을 형성하기 위한 기본 영양소입니다. 관절염을 개선하려면 먼저 필수 아미노산을 균형 있게 함유한 동물성 단백질을 섭취시켜서 근력을 키웁시다.

- 콘드로이틴: 점성이 있는 식품에 풍부한 성분입니다. 연골의 완충 작용에 중요한 역할을 하며 관절이 원활하게 움직이는 것을 돕습니다. 글루코사민과 함께 섭취하면 더 큰 효과를 발휘합니다.

- 글루코사민: 세포와 조직을 결합하거나 연골을 생성하는 데 필요한 성분입니다. 다치거나 닳은 연골의 회복을 빠르게 합니다.

식사로 개선하는 방법

매일 먹이는 식사에 양질의 단백질을 적극적으로 넣어서 근력을 키워주세요. 염증이 생긴 부위에는 활성산소가 발생하기 때문에 그것을 없애주는 항산화물질도 필요합니다. 수제 음식으로 애견의 관절을 전체적으로 보조할 수 있습니다.

콘드로이틴과 글루코사민은 뼈를 보호하고, 완충 역할을 하는 연골의 합성을 돕습니다. 하지만 음식만으로는 섭취시키기 힘들기 때문에 시중에서 판매하는 건강보조식품 등을 이용하면 좋습니다.

관절염에 효과적인 간단 레시피

| 만드는 방법 |

1. 냄비에 물과 잔새우, 닭날개를 넣고 끓인다.
2. 당근, 시금치, 무, 브로콜리를 한입 크기로 썬다.
3. 1에 2와 오곡밥을 넣고 채소가 부드러워질 때까지 끓이다가 어느 정도 끓으면 닭날개 뼈를 발라낸다.
4. 3을 식혀서 그릇에 담고, 갈아놓은 참마와 잘 섞은 낫토를 위에 올리면 완성.

* 오곡밥을 쌀밥으로 바꿔도 상관없습니다.

관절염의 증상 완화 및 예방 효과가 있는 식재료

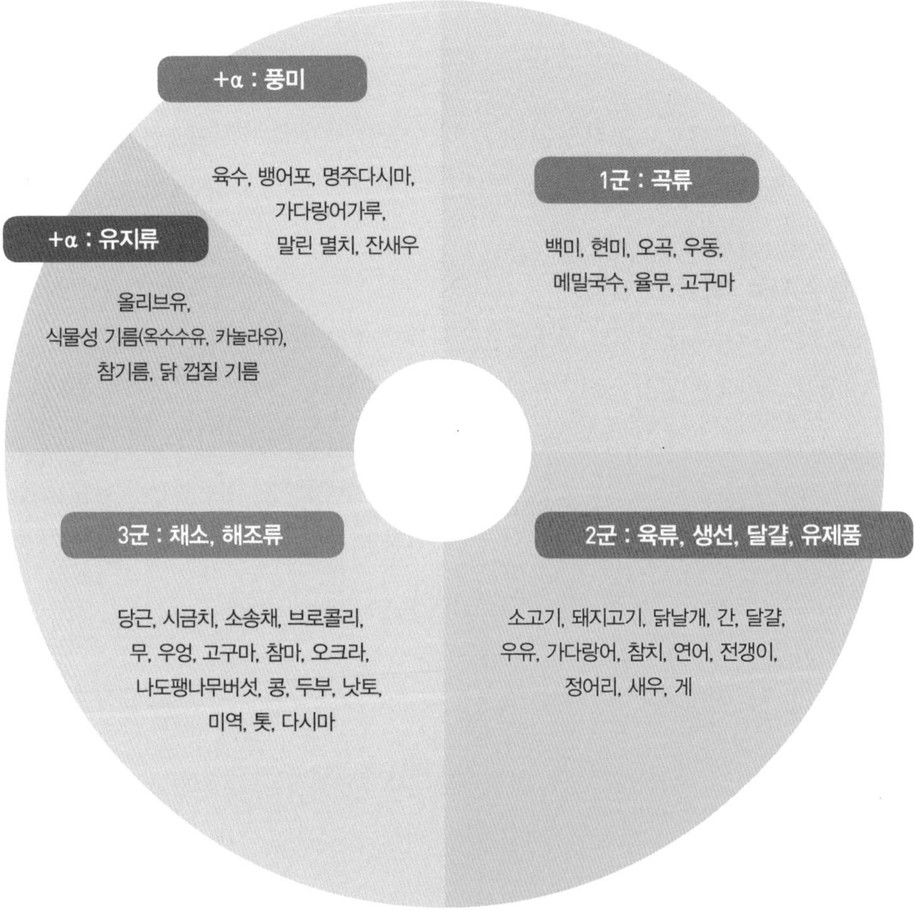

+α : 풍미

육수, 뱅어포, 명주다시마, 가다랑어가루, 말린 멸치, 잔새우

1군 : 곡류

백미, 현미, 오곡, 우동, 메밀국수, 율무, 고구마

+α : 유지류

올리브유, 식물성 기름(옥수수유, 카놀라유), 참기름, 닭 껍질 기름

3군 : 채소, 해조류

당근, 시금치, 소송채, 브로콜리, 무, 우엉, 고구마, 참마, 오크라, 나도팽나무버섯, 콩, 두부, 낫토, 미역, 톳, 다시마

2군 : 육류, 생선, 달걀, 유제품

소고기, 돼지고기, 닭날개, 간, 달걀, 우유, 가다랑어, 참치, 연어, 전갱이, 정어리, 새우, 게

| 조언 한마디

수제 음식을 먹이는 것도 중요하지만 적절한 운동도 시켜서 근력 향상에 힘씁시다.

당뇨병

수제 음식으로 과식을 방지하자

→ 비만견이 많아지면서 당뇨병에 걸리는 개도 늘고 있습니다. 식이요법을 실천할 때는 지나치게 많이 먹이지 않도록 주의하세요.

증상

초기에는 증상이 없고 어느 정도 진행된 후에야 알 수 있는 경우가 많습니다. 물을 많이 마시고 소변을 많이 보며 과식하는 증상도 보입니다. 많이 먹어도 체중이 감소할 때는 당뇨병이 아닌지 의심해야 합니다.

원인

과식 또는 운동 부족에 따른 비만이나 유전 등이 원인이며, 혈당 수치를 조절하는 호르몬 분비가 부족해 제대로 작용하지 않게 되면서 당뇨병이 생깁니다.

췌장에서 분비되는 인슐린은 식후 체내의 당을 세포에 흡수시키는 명령을 내립니다. 그런데 당뇨병에 걸리면 제 구실을 못하게 되고, 혈중 당 수치가 이상하게 증가하는 상태가 지속되어서 몸에 여러 가지 장애로 나타납니다.

동물병원에서 실시하는 치료 방법

인슐린 작용에 문제가 있을 때 칼로리를 제한하는 식사 관리가 중심이 됩니다. 인슐린이 부족할 때는 인슐린 주사를 맞힙니다.

 Dr. 스사키가 추천하는 홈케어 방법 및 식사법

혈당 수치를 조절할 때는 과식하지 않는 것이 가장 중요하므로 포만감을 주는 음식을 만들어 먹입시다.

체내의 노폐물을 흡착해서 배설을 촉진하는 식이섬유는 꼭 필요합니다. 특히 칼로리를 쉽게 조절할 수 있는 저지방과 양질의 단백질을 함유하는 식재료를 사용하면 좋습니다.

칼로리만 잘 신경 쓴다면 당뇨병에 걸린 개도 다양한 음식을 먹을 수 있습니다. 날마다 적절한 운동을 시키는 것도 잊지 맙시다.

 당뇨병에 효과적인 간단 레시피

| 만드는 방법 |

1. 냄비에 물과 다시마를 넣고 끓여서 육수를 낸다.
2. 닭가슴살, 당근, 나도팽나무버섯, 오크라, 두부, 양배추를 한입 크기로 썬다.
3. 1에 2와 밥을 넣고 채소가 부드러워질 때까지 끓인다.
4. 3을 식혀서 그릇에 담고, 갈아놓은 참마를 위에 올리고 나서 참기름 1티스푼을 뿌리면 완성.

당뇨병의 증상 완화 및 예방 효과가 있는 식재료

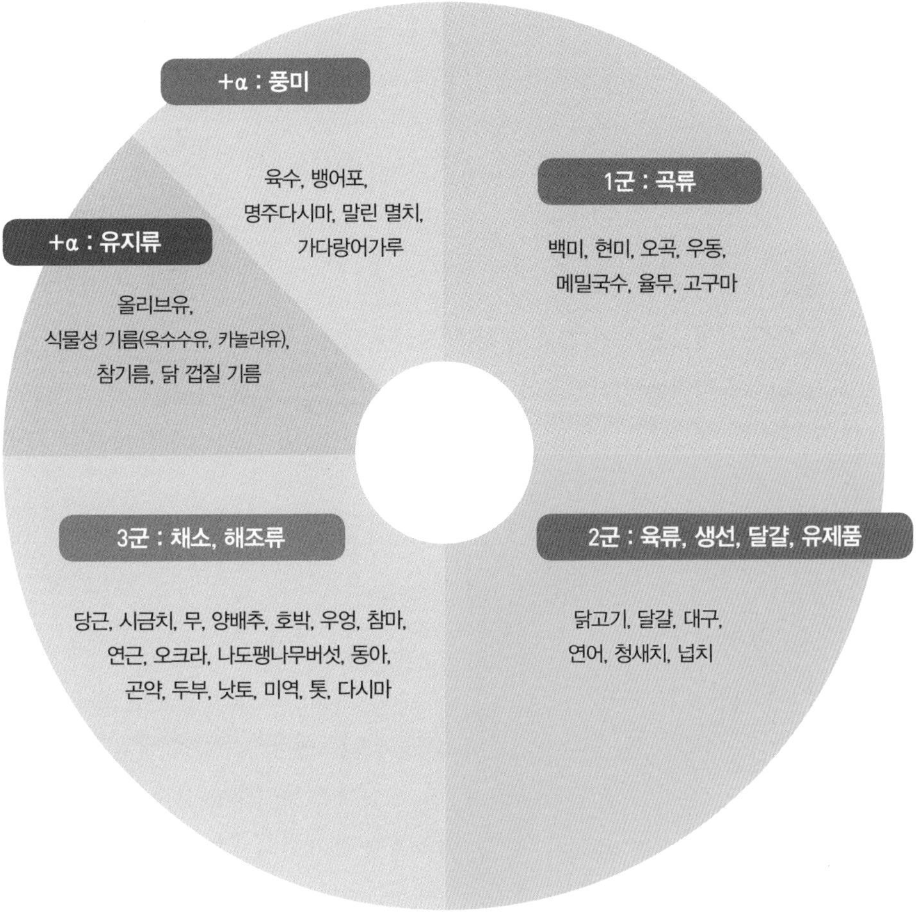

+α : 풍미

육수, 뱅어포, 명주다시마, 말린 멸치, 가다랑어가루

1군 : 곡류

백미, 현미, 오곡, 우동, 메밀국수, 율무, 고구마

+α : 유지류

올리브유, 식물성 기름(옥수수유, 카놀라유), 참기름, 닭 껍질 기름

3군 : 채소, 해조류

당근, 시금치, 무, 양배추, 호박, 우엉, 참마, 연근, 오크라, 나도팽나무버섯, 동아, 곤약, 두부, 낫토, 미역, 톳, 다시마

2군 : 육류, 생선, 달걀, 유제품

닭고기, 달걀, 대구, 연어, 청새치, 넙치

| 조언 한마디

칼로리를 제한할 때는 배고픔을 느끼지 않도록 식이섬유가 풍부한 음식을 먹이세요.

심장병

혈액순환을 개선해서 심장의 부담을 줄인다

→ 완치하기 어려운 심장병도 수제 음식으로 보조할 수 있습니다. 혈액순환을 좋게 해서 심장에 주는 부담을 줄입시다.

증상

기침을 하거나 괴로운 듯이 숨을 쉽니다. 드물게 호흡 곤란을 일으켜 쓰러지는 경우도 있습니다. 검사에서 심잡음이 들려 발견하는 경우가 많습니다.

원인

심장 판막이 정상적으로 기능하지 못하거나 염증을 일으키는 등 심장에 어떠한 장애가 생긴 것인데, 그중에는 선천성 질환도 있습니다.

동물병원에서 실시하는 치료 방법

먼저 청진이나 X선 촬영, 심전도, 초음파 검사 등으로 심장의 이상을 알아냅니다.

일반적인 치료는 약물요법이 중심입니다. 강심제를 투여해서 심장 기능을 강화하거나 혈관을 확장하는 약으로 막힌 혈액의 흐름을 개선해서 혈압을 조절합니다.

몸속에 수분이 과다하게 남아 있으면 혈압이 높아지므로 이뇨제로 배설시켜서 심장에 주는 부담을 줄입니다.

Dr. 스사키가 추천하는 홈케어 방법 및 식사법

심장병에 걸린 개는 격렬한 운동을 삼가야 하지만 그렇다고 산책을 전혀 시키지 않으면 오히려 애견의 스트레스가 쌓입니다. 적당히 운동할 수 있도록 신경을 씁시다.

최근에는 치주 질환이 심장병을 일으키는 원인 중 하나로 의심받고 있으니 날마다 양치, 치석 제거 등 입안 관리를 철저히 해주세요.

식사에는 혈중 지방 농도를 저하시키는 수용성 식이섬유와 혈액순환을 좋게 하는 EPA를 함유한 식재료를 적극적으로 넣어줍니다.

심장병에 효과적인 간단 레시피

| 만드는 방법 |

1. 냄비에 물과 다시마를 넣고 끓여서 육수를 낸다.
2. 고구마, 연어, 무, 당근, 브로콜리를 한입 크기로 썬다.
3. 1에 2를 넣고 채소가 부드러워질 때까지 끓인다.
4. 3을 식혀서 그릇에 담고, 올리브유 1티스푼을 뿌려 풍미를 더하면 완성.

심장병의 증상 완화 및 예방 효과가 있는 식재료

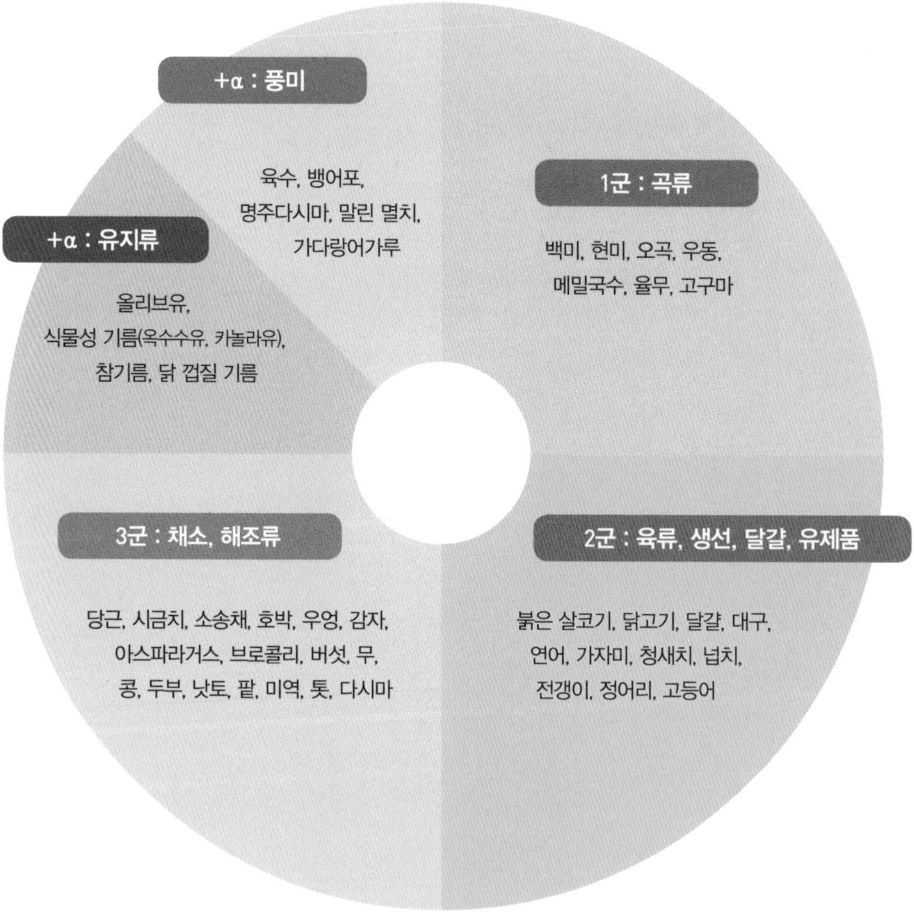

+α : 풍미

육수, 뱅어포,
명주다시마, 말린 멸치,
가다랑어가루

1군 : 곡류

백미, 현미, 오곡, 우동,
메밀국수, 율무, 고구마

+α : 유지류

올리브유,
식물성 기름(옥수수유, 카놀라유),
참기름, 닭 껍질 기름

3군 : 채소, 해조류

당근, 시금치, 소송채, 호박, 우엉, 감자,
아스파라거스, 브로콜리, 버섯, 무,
콩, 두부, 낫토, 팥, 미역, 톳, 다시마

2군 : 육류, 생선, 달걀, 유제품

붉은 살코기, 닭고기, 달걀, 대구,
연어, 가자미, 청새치, 넙치,
전갱이, 정어리, 고등어

| 조언 한마디

심장의 건강을 위해 EPA를 함유한 생선과 식이섬유가 풍부한 채소 및 해조류를 적극적으로 섭취시킵시다.

백내장

항산화물질로 시력 저하를 막는다

→ 이미 고령이라는 이유로 반려인도 포기하기 쉬운 백내장은 초기 단계라면 식사로도 개선할 수 있습니다.

증상

눈의 수정체가 하얗게 탁해지는 병으로 증상이 악화되면 시력이 점점 떨어집니다. 시력이 떨어지면서 뭔가에 부딪치는 등 다칠 위험성이 높아집니다.

원인

눈 속의 단백질이 변해서 눈이 정상적으로 기능하지 못합니다. 나이가 들어서 생기기도 하지만, 당뇨병 때문에 발병하는 경우도 있습니다.

동물병원에서 실시하는 치료 방법

약물요법이 중심입니다. 점안약 등으로 증상의 진행을 느리게 합니다. 개는 시각에만 의존하는 생활을 하지 않으므로 초기 단계라면 큰 지장은 없습니다.

증세가 심하면 사람에게 하는 수술도 실시하고 있습니다. 탁해진 수정체를 적출해서 투명한 수정체로 교체하는 것입니다. 아직은 일반적인 치료법은 아니니 경험이 풍부한 수의사와 상담하세요.

Dr. 스사키가 추천하는 홈케어 방법 및 식사법

눈은 몸에서 비타민C가 가장 많은 부분입니다. 가벼운 백내장은 비타민C를 충분히 섭취시키면 개선 효과를 기대할 수 있습니다.

한편 개는 체내에서 비타민C를 합성할 수 있어서 따로 섭취시키지 않아도 된다는 설이 있으나, 체내의 활성산소를 제거하는 데도 필요하니 평소 식사에 적극적으로 넣어주어야 합니다. 또 눈 건강에 효과가 있는 활성 수소를 함유한 보조 식품도 좋습니다.

백내장에 효과적인 간단 레시피

| 만드는 방법 |

1. 냄비에 물과 다시마, 말린 멸치를 넣고 끓여서 육수를 낸다.
2. 연어, 당근, 브로콜리, 고구마, 톳을 한입 크기로 썬다.
3. 1에 2와 밥을 넣고 채소가 부드러워질 때까지 끓인다.
4. 3을 식혀서 그릇에 담고, 참기름 1티스푼을 뿌려 풍미를 더하면 완성.

백내장의 증상 완화 및 예방 효과가 있는 식재료

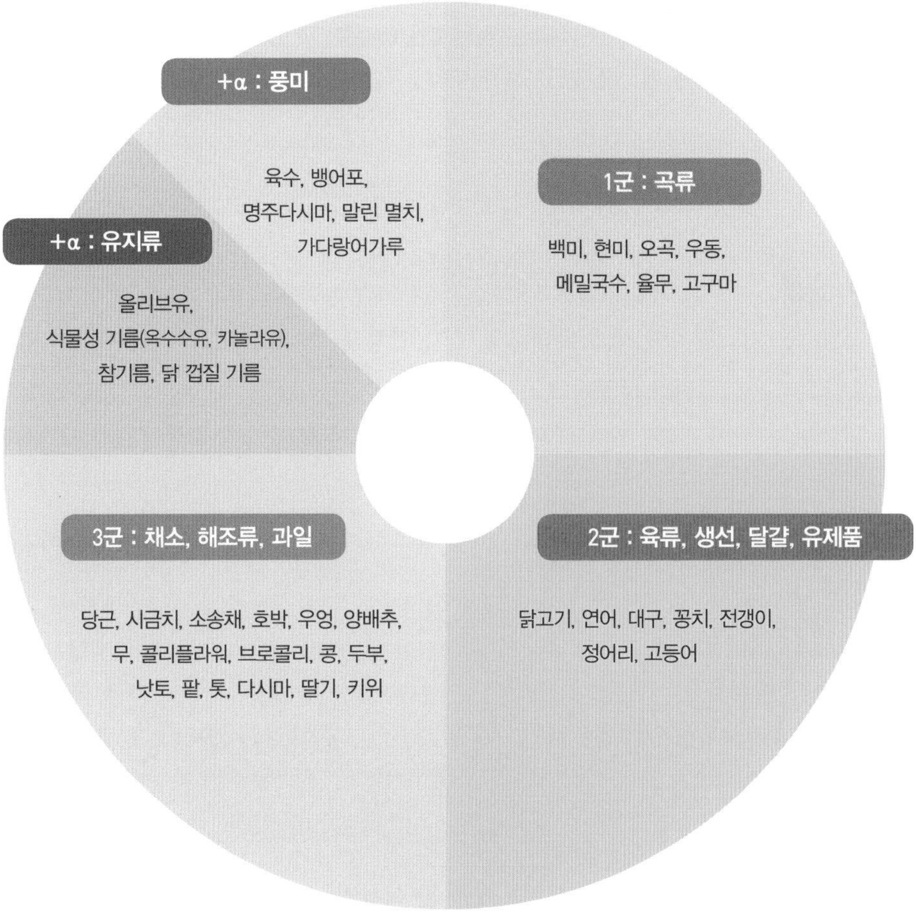

+α : 풍미

육수, 뱅어포, 명주다시마, 말린 멸치, 가다랑어가루

1군 : 곡류

백미, 현미, 오곡, 우동, 메밀국수, 율무, 고구마

+α : 유지류

올리브유, 식물성 기름(옥수수유, 카놀라유), 참기름, 닭 껍질 기름

3군 : 채소, 해조류, 과일

당근, 시금치, 소송채, 호박, 우엉, 양배추, 무, 콜리플라워, 브로콜리, 콩, 두부, 낫토, 팥, 톳, 다시마, 딸기, 키위

2군 : 육류, 생선, 달걀, 유제품

닭고기, 연어, 대구, 꽁치, 전갱이, 정어리, 고등어

| 조언 한마디

수제 음식에 항산화물질을 듬뿍 넣어서 날마다 먹이면 백내장 진행을 늦출 수 있습니다.

외이염

귀뿐만 아니라 몸속도 깨끗해야 한다

➔ 귀에 세균이나 곰팡이가 번식하는 것은 배설에 문제가 있기 때문입니다. 수제 음식으로 체내 환경을 깨끗하게 만드는 것부터 시작하세요.

증상

귀 뒤쪽을 가려워하며 세게 긁습니다. 귀가 빨갛게 부어오르고, 악취가 나거나 검고 끈적거리는 귀지가 쌓입니다.

원인

배설을 제대로 하지 못하면 귀에서 노폐물이 나옵니다. 귀지에 세균이나 곰팡이가 번식하고 증상은 더욱 악화되는 것이지요.

동물병원에서 실시하는 치료 방법

검사로 병원체를 확인한 후 이를 치료하는 항생물질이 들어간 크림 등을 발라줍니다. 또 세정액을 사용해서 귀를 소독합니다.

Dr. 스사키가 추천하는 홈케어 방법 및 식사법

귀를 청결하게 유지하는 것도 중요하지만, 먼저 귓구멍에서 노폐물이 나오지 않도록 배설이 잘되게 합니다. 수분이 많은 수제 음식으로 바꾸고 연한 색의 소변이 나오는지 확인하세요. 소변의 색이 진하면 증상이 계속된다는 신호입니다.

귀를 손질할 때는 살균 효과가 있는 식물성 농축액을 추천합니다. 이를테면 생강이나 무를 갈아서 뜨거운 물에 섞거나 녹차를 사용하면 좋습니다. 스포이트 등으로 귓속에 농축액을 넣고 탈지면으로 막아서 귀 부분을 잘 문지릅니다. 그다음 노폐물을 흡수한 탈지면을 꺼냅니다. 개에게 주는 자극도 적고 귀 청소를 쉽게 할 수 있습니다.

외이염에 효과적인 간단 레시피

| 만드는 방법 |

1. 냄비에 물과 해감한 재첩을 넣고 끓여서 육수를 낸다.
2. 연어, 무, 당근, 우엉을 한입 크기로 썬다.
3. 1에 2와 밥을 넣고 채소가 부드러워질 때까지 끓이다가 달걀을 풀어 넣는다. 식으면 재첩 껍데기를 제거한다.
4. 그릇에 3을 담고, 참기름 1티스푼을 뿌려 풍미를 더하면 완성.

외이염의 증상 완화 및 예방 효과가 있는 식재료

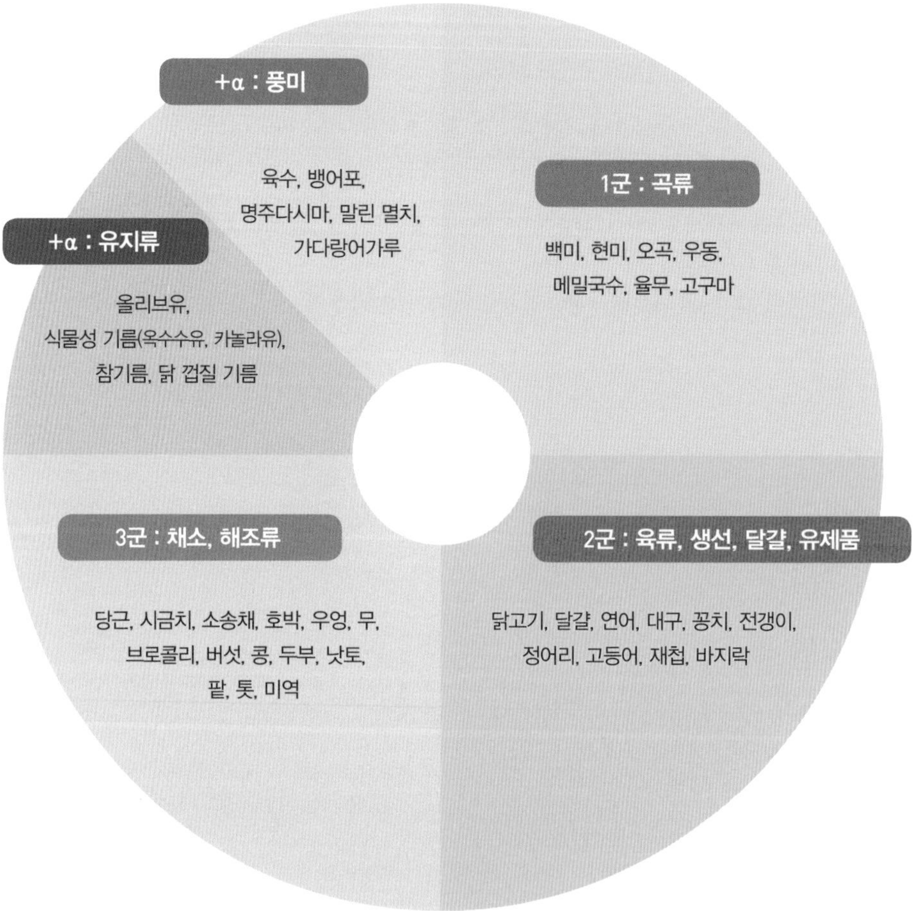

+α : 풍미

육수, 뱅어포, 명주다시마, 말린 멸치, 가다랑어가루

1군 : 곡류

백미, 현미, 오곡, 우동, 메밀국수, 율무, 고구마

+α : 유지류

올리브유, 식물성 기름(옥수수유, 카놀라유), 참기름, 닭 껍질 기름

3군 : 채소, 해조류

당근, 시금치, 소송채, 호박, 우엉, 무, 브로콜리, 버섯, 콩, 두부, 낫토, 팥, 톳, 미역

2군 : 육류, 생선, 달걀, 유제품

닭고기, 달걀, 연어, 대구, 꽁치, 전갱이, 정어리, 고등어, 재첩, 바지락

| 조언 한마디

배설이 잘되면 귀에서 노폐물이 나오지 않습니다. 배설부터 신경 씁시다.

벼룩, 진드기, 외부기생충

마늘과 허브에도 구충 효과가 있다

➔ 벼룩이나 진드기를 퇴치하는 약이 체질적으로 맞지 않는 반려견도 있습니다. 그럴 때는 음식이나 허브를 이용해서 구충 효과를 시험해보면 어떨까요?

증상

몸을 몹시 가려워하며 잘 살펴보면 벼룩이나 진드기를 찾을 수 있습니다. 기생충에 따라서 탈모나 비듬 증상이 나타나기도 합니다.

원인

벼룩이나 진드기가 기생해서 피부에 염증이 생기고 체취가 심해집니다. 허약하고 면역력이 약한 개일수록 기생물이 쉽게 달라붙습니다.

동물병원에서 실시하는 치료 방법

구충제를 사용하거나 약용 샴푸로 목욕을 시켜서 기생충을 제거합니다. 구충제가 개에게 해롭지 않다고는 하지만 먹인 뒤 몸 상태가 나빠지면 사용하지 않는 편이 좋습니다.

Dr. 스사키가 추천하는 홈케어 방법 및 식사법

체취가 심하고 벼룩이나 진드기가 쉽게 기생하는 것은 몸속에 노폐물이 쌓여 있다는 신호입니다. 수분이 많은 수제 음식을 먹여서 배설을 촉진합시다.

마늘 향에는 구충 효과가 있습니다. 갈아놓은 마늘을 음식에 섞어서 적극적으로 먹여야 합니다. 하지만 마늘은 파의 일종이므로 과다 섭취하면 빈혈을 일으킬 수도 있습니다. 기준량으로는 체중이 4kg 이상인 개는 하루 1쪽, 4kg 미만인 개는 반쪽 정도를 주면 좋습니다. 개에 따라서 양을 조절해야 합니다.

또한 님Neem이라고 하는 허브 추출액을 사용하는 것도 추천합니다. 개에게는 무해하고 안전하므로 물에 희석해서 몸 전체에 뿌리면 기생충 제거에 탁월한 효과를 발휘합니다.

벼룩, 진드기, 외부기생충에 효과적인 간단 레시피

| 만드는 방법 |

1. 냄비에 물과 다시마를 넣고 끓여서 육수를 낸다.
2. 닭고기, 무, 당근, 우엉, 브로콜리를 한입 크기로 썬다.
3. 1에 2와 밥을 넣고 채소가 부드러워질 때까지 끓인다.
4. 불을 끄고 다진 마늘을 넣어 잘 섞는다.
5. 3을 식혀서 그릇에 담고, 올리브유 1티스푼을 뿌려 풍미를 더하면 완성.

벼룩, 진드기, 외부기생충의 증상 완화 및 예방 효과가 있는 식재료

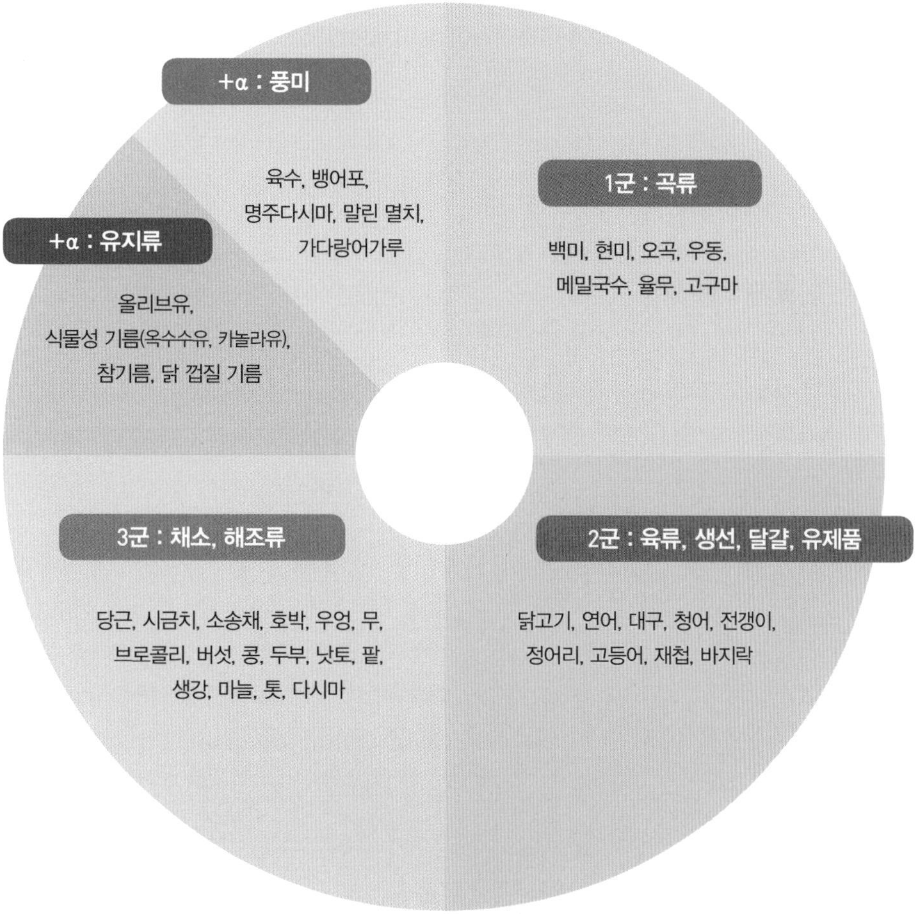

+α : 풍미

육수, 뱅어포,
명주다시마, 말린 멸치,
가다랑어가루

1군 : 곡류

백미, 현미, 오곡, 우동,
메밀국수, 율무, 고구마

+α : 유지류

올리브유,
식물성 기름(옥수수유, 카놀라유),
참기름, 닭 껍질 기름

3군 : 채소, 해조류

당근, 시금치, 소송채, 호박, 우엉, 무,
브로콜리, 버섯, 콩, 두부, 낫토, 팥,
생강, 마늘, 톳, 다시마

2군 : 육류, 생선, 달걀, 유제품

닭고기, 연어, 대구, 청어, 전갱이,
정어리, 고등어, 재첩, 바지락

| 조언 한마디

기생충이 생기는 것은 체내에 노폐물이 쌓여 있다는 신호입니다. 노폐물 배출이 중요합니다.

홈케어로 관리하자

애견의 건강 상태를 집에서 확인하는 방법

→ 가벼운 증상은 최대한 집에서 반려인이 살피는 것이 좋습니다. 컨디션 관리에 좋은 마사지와 찜질 방법을 기억해둡시다.

이럴 때 해주세요

- 무릎 부위가 까매지고 딱딱해질 때
- 기운이 없고 컨디션 불량 증상을 보일 때
- 만성질환을 관리할 때
- 알레르기성 피부염과 감염증으로 가려움과 통증이 있을 때
- 산책으로 쉽게 피곤해할 때

상태를 확인하자

최근 들어 '집에서 할 수 있는 것은 최대한 해주고 싶다'고 하는 반려인이 늘고 있습니다. 심각한 증상은 병원에 가더라도 날마다 관찰하면서 알게 된 사소한 증상은 집에서 응급 처치를 할 수 있도록 준비해놓는 편이 좋습니다.

이러한 반려인의 마음을 존중하며 진심으로 응원합니다. 병원에만 의존하지 않고 반려인이 직접 애쓰는 모습을 보이면 개도 그만큼 애정을 느껴서 몸 상태가 호전되는 경우도 종종 있습니다. 특히 만성질환일 때는 반려인의 일상 케어가 매우 중요합니다.

우선 71쪽의 신호 체크리스트를 참고해서 상태부터 확인합시다. 애견이 평소랑 다르지 않은지 매일 확인하는 습관을 기르세요.

사람과 개는 다르다며 주저하는 분도 많을 것입니다. 하지만 지금까지의 경험상 사람과 개는 큰 차이점은 없습니다. 반려인이 집에서 쉽게 할 수 있는 관리법을 살펴보겠습니다.

쓸린 상처

대형견이나 잠자는 시간이 긴 개는 무릎 등이 자주 쓸려서 피부가 딱딱해지고 거무스름해질 수 있습니다. 피부가 딱딱해지는 이유 중 하나는 혈액순환 불량이므로, 음식의 수분량을 늘리는 것이 가장 중요합니다.

딱딱해진 부분은 보습 성분이 들어간 크림을 발라서 마사지합니다. 증상이 심각하면 마사지가 끝난 후에 바셀린을 바르고 붕대를 감아주면 좋습니다.

또한 거동이 불편한 노견처럼 항상 같은 부분을 바닥에 대고 누워 있으면 체중이 혈관을 압박해서 혈류 장애가 일어납니다. 생각날 때마다 체위를 부지런히 바꿔주세요.

생강 찜질

피부염 등으로 느끼는 가려움증이나 통증에 효과적인 생강 찜질법을 소개합니다.

우선 냄비에 물을 넣고 중간 크기의 기포가 올라올 때까지 끓입니다. 그 사이에 잘 씻어놓은 생강을 껍질째 갈아서 면주머니에 넣고 입구를 막습니다. 물이 끓는 상태에서 주머니를 냄비 속에 넣고 생강즙을 우려냅니다. 이때 물을 너무 팔팔 끓이지 않도록 불 조절에 주의하세요. 그런 다음 수건의 양끝을 잡고 생강 끓인 물에 담근 뒤 짭니다. 수건의 온도가 피부에 대도 화상을 입지 않을 정도가 되면 환부에 댑니다. 또 그 위에 보온용으로 수건을 덮습니다. 이번에는 뜨거운 수건 2~3장을 겹친 후, 첫 번째 수건을 빼내고 두 번째 수건을 피부에 댑니다. 빼낸 수건을 생강 끓인 물에 적셨다가 짜서 다시 수건 위에 덮습니다.

수건이 식으면 바꿔서 개의 피부가 빨개질 때까지 반복합니다. 15~30분 정도 계속하면 좋습니다.

생강 끓인 물은 수건을 적시기 전에 따로 보관해뒀다가 귀를 손질할 때도 사용해 보세요.

마사지

집에서 마사지를 할 때는 애견과 반려인 모두 기분 좋은 상태여야 합니다. 일단 반려인 본인이 긴장을 풀어야 합니다. 처음부터 기합을 넣고 '기분 좋게 해주자!'고 생각하기보다 편안한 마음으로 시작해주세요.

반려인이 마음에 여유를 갖고 개를 만져주는 것이 가장 중요합니다. 때로는 음악을 틀어놓고 마사지하는 것도 좋은 방법입니다.

마사지의 기본은 피부를 바깥에서 안쪽 방향으로 문지르는 것인데, 이를테면 발끝에서 다리 안쪽으로 만져주면 됩니다. 머리와 목에서 시작하여 어깨, 가슴, 배, 꼬리까지 온몸을 부드럽게 만져서 쓰다듬어 주세요.

등뼈의 양옆은 개가 특히 기분 좋게 느끼는 부위입니다. 목 뒤에서 꼬리까지 쓰다듬습니다. 천천히 주물러서 뭉친 근육을 풀어주거나 손끝으로 작은 원을 그리는 등 스트로크(손을 움직이는 방법) 방법도 다양하게 생각해봅시다.

마사지에 익숙해지면 개가 직접 기분 좋은 곳을 문질러달라고 재촉해서 어디를 만져줘야 할지 점차 알게 됩니다. 견종이나 개의 성격에 따라서 느끼는 부분이 각각 다르므로 반응을 잘 확인해가면서 마사지를 통해 즐거운 교감을 나눠보세요.

스트레스 완화

스트레스가 심하면 면역 세포인 림프구의 활성이 저하되어 체내의 저항력이 약해집니다. 그 결과 병에 쉽게 걸리고 잘 낫지 않습니다. 평소에 운동을 충분히 시켜 스트레스를 완화해줘야 합니다.

개의 스트레스는 반려인의 지나친 걱정이 원인인 경우도 많습니다. 일단은 궁금한 점을 하나씩 해결해나갑시다. 그러기 위해서는 반려인이 직접 공부하는 것도 좋지만 개를 잘 아는 사람들과 경험을 공유하는 것을 추천합니다. 여러 의견을 들은 후에 어떻게 할지 판단하면 좋습니다.

PART 3

식재료별 영양소 사전

사료의 성분

반려견이 먹는 사료를 살펴보자!

→ 수제 음식을 먹이려고 하는 사람들 대부분은 사료에 의문을 품고 있을 것입니다. 사료에는 어떤 성분이 들어 있을까요?

사료는 인스턴트식품

미리 말해두겠지만 사료는 간단하고 편리하며 보존성이 뛰어납니다. 바쁜 반려인에게는 고마운 존재이며, 사료와 물만 먹고도 건강한 개도 많다는 사실을 알아두기 바랍니다.

사료는 전부 나쁘다는 식으로 주장하는 분도 있는데, 사료가 맞지 않는 개가 있는 것도 사실입니다. 이른바 사료는 인스턴트식품과 같습니다. 우리도 평소에 인스턴트식품을 먹고는 있지만 안전성 면에서 불안하기에 날마다 먹고 싶다고 생각하지는 않습니다.

마찬가지로 사료에 어떤 재료를 사용했고 첨가물은 괜찮은지 궁금해하는 것은 당연합니다. 그래서 요즘 반려인이 사료의 안정성 문제 때문에 사료 외의 다른 선택지를 찾게 된 것이 아닐까요?

그런데도 수제 음식이 대중적이지 않은 이유는 잘못된 정보가 퍼졌기 때문입니다. '사람이 먹는 음식을 먹이면 안 된다' '염분이 많은 음식은 개에게 위험하다'와 같은 소문을 많은 사람이 믿고 있습니다.

하지만 옛날 개들은 된장국에 밥을 말아 먹고도 충분히 건강하게 살았습니다. 그래서 수명이 짧았다는 설도 있으나 제대로 된 감염증 치료법이 없었기 때문이지요. 최근에는 개의 수명이 확실히 길어졌지만 한편으로는 생활습관병이 급증했다는 현상도 알아둬야 합니다.

손수 만들어준 밥이 더 건강하다

어느 가정에서는 개에게 항상 먹다 남은 음식을 줬는데, 최근에 사료에 대해 알아본 딸의 추천으로 밥을 사료로 바꿨다고 합니다. 그러자 개가 기운이 없어지고 털의 윤기도 나빠져서 결국 병에 걸려 제게 찾아왔습니다. 제가 수제 음식을 추천했더니, 딸은 '영양 균형이 무너진다' '염분이 많다'며 부정적이었습니다. 걱정하는 부분에 대한 설명을 덧붙였더니 그녀의 옆에 앉아 있던 어머니가 맞장구를 치며 제 말에 수긍했습니다. 우리 병원을 찾아오는 반려인의 전형적인 반응입니다.

사람으로 빗대어 생각해봅시다. 사람이 매일 인스턴트식품을 먹어도 건강할 수 있을까요? 마찬가지로 개도 매일 사료를 먹으면서 충분히 수분을 보충하고 적절한 운동을 병행하지 않으면 건강하기 어렵습니다.

직접 음식을 만들면 어떤 재료를 사용했는지 알 수 있어서 안심이 되고, 몸 상태가 나빠져도 어떤 음식 때문인지 짐작할 수 있습니다. 반면에 사료는 어떤 성분이 몸에 좋지 않은지 알 수 없어서 불안을 떨치기 어렵습니다. 이 차이는 매우 크다고 볼 수 있습니다.

오히려 수제 음식이 저렴하다?

'수제 음식은 재료비가 들어서 비싸다'고 하는 의견을 종종 듣습니다. 하지만 물을 별로 마시지 않는 개가 건식 사료만 계속 먹으면 체내에 노폐물이 쌓여서 결과적으로 의료비가 더 드는 경우가 많습니다. 당장의 저렴한 사료값만 따져서 나중에 비싼 의료비를 지불하는 것보다 직접 만드는 것이 훨씬 이득이 아닐까요?

사료의 장단점

많은 반려인이 사료를 먹이는 이유는 무엇일까요? 장단점을 살펴봅시다. 먼저 장점으로는 아래와 같은 이유가 있습니다.

- 가격이 저렴하다(100g당 약 200원~1600원)

- 간편하다(식사를 준비하는 데 1분도 안 걸린다)
- 잘 썩지 않는다
- 귀찮은 영양 계산을 하지 않아도 된다

간편한 사료가 있어서 개와 함께 생활할 수 있다는 반려인도 분명 많습니다. 반면에 다음과 같은 의문점도 있습니다.

- 무엇이 원료로 사용되었는가?
- 첨가물은 안전한가?
- 사료만 먹이면 정말로 영양을 충분히 섭취할 수 있는가?

또는 가격이 너무 저렴해서 불안하다는 의견도 많습니다. 예컨대 100g에 약 200원짜리 음식은 슈퍼에서 찾아봐도 좀처럼 보이지 않습니다. 정육 코너에서도 100g에 약 500원 이상은 하니까 말이지요. 가공했는데도 그 가격에 이익이 남는다니 이해할 수 없는 것이 당연합니다.

Dr. 스사키의 핵심 조언

우리 병원에서 자연식 사료(오리지널 푸드)를 제조하면서 알게 된 사실 몇 가지가 있습니다. 우선 일반 사료를 만들 때 사람이 먹는 식재료를 사용하는 것이 당연하지 않다는 사실에 놀랐습니다. 게다가 가공 단계에서는 첨가물을 사용하지 않는 공정을 찾아내는 일만으로도 힘들었지요. 사료가 얼마나 많은 첨가물과 복잡한 가공 단계를 거치는지 다시금 느꼈습니다.

사료의 성분은 주위에서 쉽게 찾을 수 있는 식품으로 바꿀 수 있다!

사료에 함유된 성분은 우리 주위에서 쉽게 볼 수 있는 음식으로 바꿀 수 있습니다. 단, 사료에 함유된 특수 성분은 별개이지만 굳이 특별한 재료는 없어도 된다고 생각합니다. 숲속에서 자라는 버섯이나 허브를 일부러 먹이지 않아도 되는 것이지요. 야생에서는 개가 생활권 안에 있는 음식으로만 끼니를 해결했기 때문입니다.

덧붙이자면 개는 사람이 남긴 음식을 먹고 가축으로 변화한 동물이라서 적응 능력이 있고 채소나 과일 등 여러 가지 음식을 먹을 수 있습니다. 실제로 옛날에 기르던 개들은 사람들이 먹다 남긴 음식만 먹으며 건강하게 지냈습니다.

또한 수제 음식을 쉽사리 시도하지 못하는 반려인 중에는 '개는 사람보다 몇 배나 많은 미네랄을 섭취해야 한다'고 신경 쓰는 분이 많은데, 채소나 해조류에 함유된 미네랄의 흡수 효율이 동물성 식품보다 훨씬 뛰어납니다. 뼈나 살코기에 집착할 필요는 없습니다. 필수 아미노산이 부족한 것을 염려하는 사람도 마찬가지입니다. 채식을 철저하게 실천하는 생활이 아닌 한 결핍으로 큰 문제가 되지는 않습니다.

수제 음식은 쉽고 간편합니다. 어렵다고 알고 있다면 잘못된 정보일 확률이 큽니다. 수제 음식을 실천하는 많은 반려인에 따르면 개도 수제 음식을 좋아한다는 의견이 압도적으로 많았습니다.

"우리 개는 지금까지 사료 소리가 들려도 들은 척도 안 했는데, 지금은 제가 부엌에서 음식을 만들면 즐겁다는 듯이 꼬리를 흔들며 기다려요. 시간이 좀 들어도 좋아하는 모습을 보면 힘이 납니다."라고 이야기한 반려인이 있었습니다.

사람이 먹을 음식은 만들지 않아도 개에게 먹일 음식만큼은 만든다는 분이나 "제 식생활을 돌아보는 계기가 됐습니다."라고 하는 분도 있었습니다.

사료는 쉽게 챙겨줄 수 있어 좋지만 애견의 건강을 생각한다면 수제 음식으로 바꿔보는 것도 나쁘지 않습니다.

주위에서 쉽게 찾을 수 있는 음식으로 바꿔보자

사료 봉지에 적힌 원재료를 확인하면 건강보조식품의 집합체처럼 생소한 성분이 잔뜩 나열되어 있습니다. 언뜻 어렵게 보이는 이 성분들을 우리 주위에서 쉽게 찾을 수 있는 음식으로 바꿔봅니다.

	성분명	대체 음식 및 설명	Dr. 스사키의 추천
1	DL 메티오닌(DL은 합성을 의미한다)	달걀, 육류, 생선류	닭고기
2	D-비오틴	간, 달걀노른자, 콩, 바나나	달걀
3	L-아스코르브산 폴리인산 염(산화방지제로 첨가되는 비타민C)	식품첨가물	필요 없음
4	L-카르니틴	양고기를 비롯한 붉은 살코기	양고기
5	고초균 발효물	낫토(낫토균은 고초균의 일종)	낫토
6	구리 아미노산 킬레이트	소 간, 견과, 버섯	소 간
7	구리단백질	소 간, 연어, 벚꽃새우, 견과류	소 간
8	글루코사민 염산염	갑각류의 겉껍데기, 참마	참마
9	나이아신	간, 콩류, 녹황색 채소	소 간
10	니아(나이아신(niacin))	간, 콩류, 녹황색 채소	소 간
11	내추럴 플레이버(천연 향료)	식물 정유, 머스크, 시베트, 카스토레움, 앰버그리스	필요 없음
12	도코사헥사엔산(DHA)	등푸른생선	정어리
13	드라이 이스트	빵(식빵 등 말랑말랑한 빵)	자연 발효 빵
14	레시틴	콩, 달걀노른자	달걀
15	리보플래빈	달걀, 육류 등 동물성 식품	달걀
16	만난 올리고당(프리바이오틱스)	효모, 버섯류	우엉
17	망간 아미노산 킬레이트	찻잎, 견과류, 콩, 곡물	김
18	망간단백질	식물성 식품, 물	김
19	메나디온 아황산수소나트륨(활성형 비타민K 공급원)	연어, 낫토	낫토
20	멘헤이덴 생선가루	청어의 일종인 멘헤이덴	정어리
21	미립 비트펄프	식이섬유	우엉
22	비오틴	간, 콩, 바나나	소 간
23	비타민A 아세테이트(비타민A 아세트산)	비타민A를 화학 처리한 것	소 간
24	비타민A 아세트산염	비타민A를 화학 처리한 것	소 간

25	비타민B12	육류, 어패류, 달걀	소 간
26	비타민B12 보충제	육류, 어패류, 달걀	소 간
27	비타민D3(활성형 비타민D)	정어리, 가다랑어, 참치, 간, 간유	연어
28	비타민D3 보충제	정어리, 가다랑어, 참치, 간, 간유	연어
29	비타민E	유지류, 견과류, 호박	호박
30	비타민E 보충제	유지류, 견과류, 호박	호박
31	산화망간	망간	김
32	산화아연	화합물이며 의약품으로 이용된다.	소송채
33	쌀 누룩균 발효물	쌀겨, 식품 발효 효과가 있는 미생물	낫토
34	아마	아마(아마과 식물)	우엉
35	아마인 분말	아마씨	우엉
36	아셀레늄산 나트륨	셀레늄	정어리
37	아스코르브산	채소, 과일	브로콜리
38	아시도필루스균 발효물	요구르트	요구르트
39	아연 아미노산 킬레이트	굴, 우유, 현미	소송채
40	아연단백질	간	돼지 간
41	아이오딘 염산 칼슘(43과 함께 아이오딘 공급원으로 사용된다)	다시마	다시마
42	아이오딘(요오드)화칼륨	다시마	다시마
43	아이오딘산 칼슘	다시마	다시마
44	양조용 건조 효모	맥주	천연 효모 빵
45	양조효모	맥주	천연 효모 빵
46	어유	등푸른생선(전갱이, 꽁치, 고등어 등)	정어리
47	염산 글루코사민	게나 새우의 껍데기	참마
48	염산 피리독신(비타민B6 제제)	콩, 바나나, 연어, 간	가다랑어
49	염화칼륨	간수, 암염	바나나
50	염화콜린	가지, 고구마, 돼지고기, 소고기	소 간
51	엽산	시금치, 소송채 등 잎채소	소송채
52	오메가3 지방산	아마인유, 채종유, 어유	정어리
53	오메가6 지방산	홍화유, 해바라기씨유, 옥수수유	옥수수유, 소송채, 소 간, 김
54	유산구균 발효물	요구르트, 장아찌, 된장	낫토
55	유카 진액	유카 줄기	낫토

	성분명	대체 음식 및 설명	Dr. 스사키의 추천
56	유카 추출물	유카 아보레센스, 유카 시디게라	낫토
57	장구균 발효물	낫토, 된장	낫토
58	제2인산칼슘	모든 동식물(세포에 존재한다.)	다시마
59	조단백질	고기, 어패류, 달걀, 유제품	닭 껍질
60	조지방	유지, 고기(돼지, 소 등)	닭 껍질
61	조회분	채소, 해조류, 콩	낫토
62	지방	유지류, 지방이 많은 고기(차돌박이), 견과류	닭 껍질
63	천연 향미료	식물 정유, 머스크, 시베트, 카스토레움, 앰버그리스	필요 없음
64	철단백질	붉은 살코기	참치
65	킬레이트 미네랄(아연, 구리, 망간, 철)	아연, 구리, 망간, 철(간 등 육류, 해조류)	소고기
66	타우린	조개류	재첩
67	탄산칼슘	석회석	달걀 껍데기
68	탄산코발트	동물성 식품	소 간
69	토마토 퓌레	토마토	토마토
70	티아민	현미(정백도가 낮은 쌀), 콩류, 돼지고기	돼지고기
71	티아민 질산염	비타민B1 화합물로 합성된 것	돼지고기
72	판토텐산 칼슘, 판토텐산	판토텐산 부족을 보충하기 위한 약, 간, 달걀 등 대부분의 식품	소 간
73	피리독신 염산염(비타민B6)	육류, 어패류, 바나나, 달걀, 고구마	연어
74	헥사메타 인산나트륨	식품첨가물	필요 없음
75	황산구리	청색 안료, 방부제, 살균제로 첨가된다.	필요 없음
76	황산망간	건조제, 무기 안료에 사용된다.	김
77	황산아연	안료, 방부제, 점안액 등에 사용된다.	소송채
78	황산철	철결핍성 빈혈을 예방하기 위한 약	참치
79	황산콘드로이틴(원재료는 동물의 연골 등)	관절의 염증을 억제하기 위한 약	닭 껍질
80	효모 발효물	알코올, 빵, 치즈	천연 효모 빵
81	흑누룩균 발효물	아와모리(오키나와 특산 소주), 흑누룩 식초	낫토

아미노산 균형이 이상적인 단백질원

달걀

주요 영양소

단백질, 비타민A, 비타민B2, 비타민D, 비타민K, 철, 칼슘, 인

영양 효과

생활습관병 예방, 노화 방지, 콜레스테롤 저하, 스태미나 강화

영양과 효능

식품에서 섭취해야 하는 필수 아미노산을 모두 갖춘 완벽한 단백질원입니다. 특히 메티오닌이 풍부해서 간 기능 장애를 개선하고 체력을 키우거나 회복하는 데 효과적입니다.

비타민과 미네랄도 균형 있게 함유되어 있으며, 그중에서도 비타민A는 피부와 점막을 보호하고 면역력을 높여줍니다.

한편 날달걀의 흰자에 함유된 아비딘이라고 하는 성분은 비타민 흡수를 막아서 많이 섭취하면 피부병 등을 일으킬 수도 있습니다. 가열하면 괜찮으니 가열 조리해서 주세요.

Dr. 스사키의 핵심 조언

이 식재료는 이런 개에게 권장합니다!

노견을 비롯해 간 질환, 신장병, 당뇨병, 암 등에 걸린 개에게 먹이면 좋습니다. 영양가가 높고 우수한 단백질원이 되는 식품이므로 다양한 병의 예방과 증상 완화에 활용해보세요. 삶은 달걀을 권장합니다. 음식에 섞거나 잘게 다져 밥 위에 올리면 수제 음식에 플러스알파 효과를 줍니다.

트튼한 체격을 만들고, 활력을 길러서 스태미나를 증강한다

소고기

주요 영양소

단백질, 지질, 비타민B2, 비타민B6, 나이아신, 콜린, 철, 아연, 칼륨

영양 효과

성장 촉진, 생활습관병 예방, 콜레스테롤 제거, 빈혈 개선

영양과 효능

뼈와 근육, 혈액 등을 구성하는 주성분인 단백질이 풍부합니다. 몸을 튼튼하게 하므로 성장기에 반드시 섭취시켜야 할 식품 중 하나입니다.

비타민B군이 풍부한 것도 소고기의 특징입니다. 비타민B2는 성장을 촉진하며 동맥경화 및 노화를 방지합니다. 비타민B6는 피부와 치아를 건강하게 유지하는 데 도움이 되며, 알레르기 증상을 줄이는 데도 효과적입니다. 콜린으로 동맥경화를 막고 생활습관병 예방 효과도 기대할 수 있습니다.

또한 흡수율이 높은 철분도 풍부해서 빈혈 및 피로 해소에도 좋습니다.

Dr. 스사키의 핵심 조언

이 식재료는 이런 개에게 권장합니다!

단맛을 지닌 소고기를 좋아하지 않는 개는 없을 것입니다. 철은 빈혈 개선에 효과적이며, 콜린은 당뇨병 예방에도 유용합니다. 하지만 지방분도 많이 들어 있어서 과다 섭취하면 혈관 장애 등을 일으킬 수 있습니다. 소고기를 먹일 때는 적당량을 줘서 비만을 예방하세요. 지방이 적은 붉은 살 부위를 활용합시다.

1군 **2군** 3군 유지류 풍미

피부 및 점막을 건강하게 유지하고 다이어트에도 적합하다

닭고기

주요 영양소

단백질, 지질, 비타민A, 비타민B1, 비타민B2, 나이아신, 철, 아연, 칼륨

영양 효과

동맥경화 예방, 간 기능 강화, 비만 예방, 피부 건강 유지

영양과 효능

단백질과 지질이 주성분이며 비타민A, 비타민B군, 철, 아연 등도 함유되어 있어서 건강에 좋은 고기입니다. 담백한 맛과 부드러운 육질은 병후 영양식으로도 적합합니다.

필수 아미노산이 균형 있게 들어 있으며 특히 메티오닌이 풍부합니다. 메티오닌은 간에 지방이 쌓이는 것을 예방합니다.

육류 중에서도 비타민A가 많아 피부와 점막을 건강하게 유지하는 데 도움을 줍니다. 피부 노화를 방지하는 콜라겐도 함유되어 있어서 피부의 탄력을 높이는 효과를 기대할 수 있습니다.

또한 닭고기의 지질에는 혈중 콜레스테롤을 저하시키는 리놀레산과 올레산이 많은 것도 특징입니다.

Dr. 스사키의 핵심 조언

이 식재료는 이런 개에게 권장합니다!

닭고기는 다른 고기와 다르게 지방이 껍질에 집중되어 있습니다. 껍질을 제거하면 다이어트 중인 개에게 알맞은 단백질원이 됩니다. 반대로 피부 질환에 걸린 개에게는 콜라겐이 풍부한 껍질과 뼈를 수제 음식에 섞어주세요. 비타민A도 풍부해서 점막을 강화시키며 면역력 향상으로 이어집니다.

비타민B1으로 피로가 풀리고 몸에 활력이 생긴다

돼지고기

주요 영양소

단백질, 지질, 비타민B1, 비타민B2, 비타민B6, 나이아신, 철, 칼륨, 아연

영양 효과

피로 해소, 체력 증진, 고혈압 및 동맥경화 예방, 혈액순환 촉진, 피부 건강 유지

영양과 효능

돼지고기는 비타민B군이 많습니다. 특히 피로 해소 비타민으로 불리는 비타민B1이 풍부합니다. 비타민B1은 피로의 근원인 젖산이 체내에 쌓이는 것을 방지하는 효과가 있습니다. 뇌의 중추 신경이나 말초 신경 기능에도 깊이 관여하며 근육과 신경의 피로를 없애줍니다.

그 밖에도 성장을 촉진하는 비타민B2와 피부 건강을 유지하고 지방간을 예방하는 비타민B6, 혈액순환을 좋게 하는 나이아신 등이 풍부합니다.

또한 미네랄 종류로는 빈혈을 예방하는 철과 혈압 상승을 억제하는 칼륨이 풍부합니다.

Dr. 스사키의 핵심 조언

이 식재료는 이런 개에게 권장합니다!

비타민B1이 풍부한 돼지고기는 운동한 뒤에 먹이면 좋은 식품으로, 피로를 없애줍니다. 콜라겐도 풍부해서 칼슘 흡수를 촉진하고 튼튼한 뼈를 만드는 데 좋습니다. 성장기의 개에게 적극적으로 섭취시키세요. 단, 돼지고기에는 기생충이 있을 우려가 있으므로 충분히 익혀서 먹이는 것이 중요합니다.

지질은 적고 영양가는 높다! 빈혈 개선에도 효과가 탁월하다

간

주요 영양소

단백질, 비타민A, 비타민B1, 비타민B2, 비타민B6, 비타민K, 철, 아연, 엽산

영양 효과

간 기능 강화, 감염증 예방, 피로 해소, 체력 증진, 혈액순환 촉진, 빈혈 개선

영양과 효능

간이나 내장 고기는 모두 영양가가 매우 높습니다. 양질의 단백질을 비롯해서 비타민A와 비타민B군, 엽산, 철, 아연 등이 풍부한 반면에 지질은 적다는 특징이 있습니다.

비타민A를 섭취시킬 때 최적의 공급원입니다. 비타민A는 피부나 눈의 건강을 유지하는 데 반드시 필요한 영양소입니다. 또 점막을 강화해서 감염증을 예방하고 면역력을 높이는 효과를 볼 수 있습니다.

간은 철 외에도 엽산 등 조혈 작용에 필요한 비타민이 풍부하기 때문에 빈혈 개선에 효과적입니다.

Dr. 스사키의 핵심 조언

이 식재료는 이런 개에게 권장합니다!

비타민A가 풍부해서 과잉증을 우려하는 반려인도 많지만 날마다 대량으로 먹이지 않는 한 문제될 것은 없습니다. 함유량은 닭이 가장 많고, 돼지고기, 소 순서이므로 걱정된다면 소의 간으로 요리해주세요. 간 냄새를 좋아하는 개가 많으므로 식욕이 떨어졌을 때 풍미를 더하는 용도로 활용하세요.

대사율을 높여서 몸을 따뜻하게 하고, 다이어트에도 효과적이다

양고기

주요 영양소

단백질, 비타민A, 비타민B1, 비타민B2, 비타민D, 나이아신, 철, 카르노신

영양 효과

소화 기능 강화, 정장 효과, 자양강장, 빈혈 및 냉증 개선, 피부 건강 유지

영양과 효능

양질의 단백질을 주성분으로 한 양고기는 다른 고기에 비하면 지질이 적고 소화가 잘되는 것이 특징입니다. 비타민B군과 나이아신, 철 등이 풍부합니다.

비타민B군은 대사를 촉진하고 몸과 뇌에 에너지를 공급하는 중요한 작용을 합니다. 나이아신은 혈액순환을 좋게 하고 피부의 건강을 유지하는 데도 유용합니다. 철은 빈혈을 예방하고 개선하는 효과가 있습니다.

양고기 다이어트도 주목을 받고 있습니다. 아미노산의 일종인 카르노신이 풍부해서 지방 연소 시 효과적으로 작용하기 때문입니다.

Dr. 스사키의 핵심 조언

이 식재료는 이런 개에게 권장합니다!

비타민B2 등 지방 연소에 도움이 되는 영양소가 풍부한 양고기는 다이어트 중인 개에게 추천하는 식품입니다. 항산화물질인 카르노신은 혈관을 건강하게 유지하고 당뇨병 같은 생활습관병을 예방하는 데도 효과를 발휘합니다. 대사를 촉진해서 몸을 따뜻하게 합니다. 겨울철에 노견의 몸이 차갑게 느껴진다면 수제 음식에 꼭 넣어주세요.

1군 2군 3군 유지류 풍미

간 기능을 향상시키고 해독 작용을 돕는다

조개류

주요 영양소

단백질, 엽산, 비타민B2, 비타민B12, 칼슘, 철, 타우린, 메티오닌, 호박산

영양 효과

간 기능 개선 및 강화, 혈액순환 촉진,
동맥경화 예방, 빈혈 방지, 피로 해소, 콜레스테롤 저하

영양과 효능

조개는 양질의 단백질을 비롯해서 비타민B군과 엽산, 칼슘, 철 등이 풍부합니다.

그중에서도 재첩은 옛날부터 간 질환에 효과적인 음식으로 널리 알려졌습니다. 간에 좋은 이유는 아미노산인 메티오닌과 타우린이 간 기능을 강화하는 효과가 있기 때문입니다. 타우린은 혈압 상승을 억제하고 동맥경화 예방에도 좋습니다. 바지락 성분은 재첩과 거의 같습니다.

조개의 독특한 감칠맛은 호박산 때문입니다. 호박산은 혈중 콜레스테롤이 증가하는 것을 억제하는 효과가 있습니다.

Dr. 스사키의 핵심 조언

이 식재료는 이런 개에게 권장합니다!

조개는 간 기능을 강화하고 해독 작용을 돕는 성분이 풍부합니다. 간이 약해져서 몸 상태가 나빠졌거나 해독 중인 개에게는 바지락과 재첩을 매일 챙겨주세요. 호박산은 바로 효과가 나타나는 성분으로 피로 해소에 도움이 됩니다. 운동한 후에는 조개가 들어간 국을 먹이는 것을 추천합니다.

DHA로 뇌를 활성화하고 노화를 방지한다

전갱이

주요 영양소

단백질, 비타민B2, 비타민B6, 비타민D, 칼륨, 칼슘, DHA, EPA

영양 효과

노화 방지, 뇌 기능 강화, 고혈압 및 동맥경화 예방, 혈액순환 촉진, 성장 촉진

영양과 효능

단백질과 비타민B군, 등푸른생선에 많은 EPA와 DHA, 칼륨과 칼슘 같은 미네랄이 풍부합니다.

특히 DHA와 EPA는 주목해야 할 영양소입니다. DHA는 뇌 기능을 향상시켜서 신경 조직을 활성화하고 노화를 방지합니다. 혈중의 좋은 콜레스테롤을 증가시키는 작용도 합니다. EPA는 혈전을 용해시켜서 혈액순환을 원활하게 합니다. 혈관 장애 및 동맥경화 예방에도 효과적입니다.

튼튼한 뼈를 형성하는 칼슘과 칼슘의 흡수를 향상시키는 비타민D, 발육을 촉진하는 비타민B2도 풍부해서 성장기에 섭취시키면 좋은 식품입니다.

Dr. 스사키의 핵심 조언

이 식재료는 이런 개에게 권장합니다!

EPA와 DHA가 풍부한 등푸른생선은 혈액순환을 좋게 하고 알레르기 증상을 개선하므로 수제 음식에 적극적으로 넣어야 할 식품입니다. 하지만 개가 생선을 싫어한다면 일단 전갱이를 시험 삼아 먹여보기 바랍니다. 전갱이는 감칠맛을 내는 글루탐산 등의 성분이 듬뿍 들어 있습니다. 생선을 잘 안 먹어도 전갱이만큼은 잘 먹는 개도 많습니다.

EPA로 혈액순환을 좋게 하고 생활습관병을 예방한다

정어리

주요 영양소

단백질, 비타민B2, 비타민B6, 비타민D, 철, 칼슘, DHA, EPA

영양 효과

혈전 예방, 동맥경화 예방, 뇌 활성화, 노화 방지, 뼈와 치아 강화, 피부 건강 유지

영양과 효능

양질의 단백질을 비롯해서 뼈와 치아를 튼튼하게 하는 칼슘과 칼슘의 흡수율을 높이는 비타민D가 풍부합니다. 성장기에 적극적으로 섭취시켜야 할 식품 중 하나입니다.

어패류 중에서도 특히 EPA 함유량이 많습니다. EPA는 혈액을 맑게 해서 혈전을 예방하고 고혈압을 개선할 수 있습니다. 생활습관병을 예방하고 암을 억제하는 효과도 있습니다.

비타민B군도 풍부합니다. 탄력 있는 피부를 유지하는 데 필요한 비타민B2와 대사를 높이고 피로 해소에 도움을 주는 비타민B1과 B6도 함유되어 있습니다.

Dr. 스사키의 핵심 조언

이 식재료는 이런 개에게 권장합니다!

정어리는 정어리 펩타이드라고 하는 혈압 상승을 억제하는 성분이 있습니다. 심장과 신장이 안 좋은 개에게 좋은 식품입니다. 혈액 상태도 좋게 하므로 자주 섭취시켜서 건강을 유지하도록 합시다. 하지만 정어리의 쓴맛을 싫어하는 개도 꽤 있습니다. 개가 안 좋아하면 정어리를 으깨서 경단이나 햄버그스테이크로 만드는 등 쉽게 먹일 수 있는 방법을 생각해보세요.

건강하고 튼튼한 몸을 만들기 위해 필요한 영양소가 풍부하다

가다랑어

주요 영양소

단백질, 비타민B1, 비타민B12, 비타민D, 나이아신, 철, 칼륨, DHA, EPA

영양 효과

피로 해소, 스태미나 강화, 혈액순환 촉진,
동맥경화 예방, 뼈와 치아 강화, 빈혈 예방 및 개선

영양과 효능

가다랑어는 참다랑어에 버금갈 정도로 많은 양의 단백질을 함유하고 있습니다. 체격을 형성하기 위해 필요한 영양소이므로 성장기에는 특히 듬뿍 먹이도록 신경 씁시다.

건강 증진에 효과적인 영양소가 풍부합니다. 비타민B군도 많으며 나이아신 함유량은 생선 중에서 가장 많습니다. 나이아신은 혈액순환을 촉진하고 대사를 높입니다. 비타민B6는 단백질 합성에 필수적이며, 비타민B12는 빈혈을 개선하는 효과가 있습니다. 칼슘 흡수를 촉진하는 비타민D도 풍부합니다.

Dr. 스사키의 핵심 조언

이 식재료는 이런 개에게 권장합니다!

비타민B군이 많은 가다랑어는 운동 후 피로 해소에 도움이 됩니다. 체내의 당질 에너지를 바꾸는 작용을 촉진해서 다이어트 중인 개에게 추천하는 식품이며, 당뇨병 치료에 좋습니다. 칼슘의 흡수 효율을 높이는 비타민D가 풍부해 뼈와 치아를 튼튼하게 하는 데도 좋습니다.

강력한 항산화 작용으로 생활습관병과 암을 예방한다

연어

주요 영양소

단백질, 비타민B1, 비타민B6, 비타민B12, 비타민D, 비타민E, DHA, EPA

영양 효과

생활습관병 및 암 예방, 혈액순환 촉진,
동맥경화 예방, 뼈와 치아 강화, 피로 해소, 성장 촉진

영양과 효능

붉은 살 생선으로 오해받는 연어는 사실 흰 살 생선입니다. 붉은 살은 연어의 주식인 크릴새우에 함유된 아스타잔틴이라고 하는 카로티노이드의 영향 때문이며, 강력한 항산화 작용으로 암을 억제하는 효과를 인정받았습니다.

양질의 단백질을 비롯해서 비타민B군, 비타민D, 비타민E도 풍부합니다. 비타민B군은 주로 성장을 촉진하며 피로 해소에도 효과를 발휘합니다. 비타민D는 칼슘 흡수를 돕고 뼈와 치아를 튼튼하게 만듭니다. 비타민E는 혈액순환을 좋게 하고 노화를 방지합니다.

또한 뇌세포를 활성화하는 DHA와 혈액을 맑게 하는 EPA도 풍부합니다.

Dr. 스사키의 핵심 조언

이 식재료는 이런 개에게 권장합니다!

강력한 항산화물질인 아스타잔틴을 함유한 연어는 백내장이나 위궤양에 걸린 개에게 추천합니다. 암 예방 및 노화 방지 효과도 있습니다. 연어는 쓴맛이 없고 담백해서 대부분의 개들이 즐겨먹습니다. 음식에 자주 활용해주세요.

1군 **2군** 3군 유지류 풍미

다이어트에 가장 적합한 저지방 식품이며, 암 억제 효과도 있다

대구

주요 영양소

단백질, 비타민A, 비타민B1, 비타민B2, 비타민D, 비타민E, 칼륨, 글루타티온

영양 효과

비만 예방, 혈액순환 촉진, 간 기능 개선 및 강화, 뼈와 치아 강화, 암 억제

영양과 효능

생선 중에서 단백질, 비타민, 미네랄이 조금 적은 편입니다. 하지만 지질이 매우 적고 칼로리가 낮아서 당뇨병이나 비만으로 칼로리를 제한해야 할 때 좋은 식재료입니다.

비타민과 미네랄이 적은 편이지만 비타민D와 칼륨은 비교적 많은 편입니다. 비타민D는 체내에서 칼슘 흡수를 돕고 뼈와 치아를 튼튼하게 하며, 칼륨은 나트륨을 배출해서 혈압 상승을 억제하는 효과가 있습니다.

항산화 작용을 하는 아미노산의 일종인 글루타티온도 함유합니다. 면역 기능에 도움을 줍니다.

Dr. 스사키의 핵심 조언

이 식재료는 이런 개에게 권장합니다!

지방이 적은 대구는 다이어트식에 추천하는 음식입니다. 살이 부드러워서 소화 흡수가 잘되므로 개의 위가 약해졌거나 이유식을 먹일 때 편리하게 사용할 수 있습니다. 식욕이 없다면 살을 으깨서 경단을 만들어줘도 좋습니다. 항산화물질인 글루타티온이 함유되어 있어서 암이나 알레르기가 생긴 개, 노견에게 적합합니다.

단백질이 듬뿍 들어 있으며 DHA, EPA도 풍부하다

참치

주요 영양소

단백질, 비타민B6, 비타민D, 비타민E, 나이아신, 철, DHA, EPA

영양 효과

노화 방지, 뇌 기능 강화, 혈액순환 촉진, 동맥경화 예방, 심장병 예방, 암 억제, 스태미나 증진

영양과 효능

참치의 영양 성분은 종류와 부위에 따라 다르지만, 공통적으로 양질의 단백질이 함유되어 있습니다.

특히 붉은 살은 26%가 단백질로, 다른 부위보다 칼로리가 낮습니다. 셀레늄이라는 항산화물질을 함유해 암 예방과 노화 방지에 효과적입니다. 튼튼한 몸을 만들기 위해서라도 자주 먹이면 좋습니다.

지방이 많은 부분에는 DHA와 EPA, 비타민D, 비타민E 등이 풍부합니다. DHA는 뇌 기능을 향상시키며 동맥경화를 예방하고 개선하는 효과도 있습니다. EPA는 혈전을 용해시켜 혈액을 맑게 합니다.

Dr. 스사키의 핵심 조언

이 식재료는 이런 개에게 권장합니다!

미네랄 중 셀레늄이 풍부한 참치는 강력한 항산화 작용으로 암을 예방하고 알레르기를 개선하며 노화를 방지합니다. 참치의 붉은 살 부위를 구워서 건조시키면 간식으로 사용할 수 있어서 편리합니다. 칭찬할 때 상으로 주거나 행동 교육을 위한 도구로 활용해보세요.

1군 **2군** 3군 유지류 **풍미**

정신 안정 효과가 있는 칼슘의 효율적인 공급원

말린 멸치, 잔고기

주요 영양소

비타민B1, 비타민B2, 비타민D, 비타민E, 칼슘, 철, 아연, DHA, EPA

영양 효과

뼈와 치아 강화, 정신 안정, 스트레스 해소, 뇌혈전 및 동맥경화 예방, 성장 촉진

영양과 효능

정어리와 멸치는 대표적인 영양소인 칼슘을 비롯해 비타민과 미네랄이 풍부합니다.

우유의 약 20배에 달할 만큼 칼슘이 풍부한 음식입니다. 칼슘은 뼈와 치아를 튼튼하게 하는 것으로 잘 알려져 있지만, 그 밖에도 스트레스를 완화해서 정신을 안정시키거나 신경의 정보 전달 시 중요한 역할을 합니다.

또한 멸치와 잔고기는 칼슘 흡수를 촉진하는 비타민D도 풍부해서 효과적인 칼슘 공급원입니다.

Dr. 스사키의 핵심 조언

이 식재료는 이런 개에게 권장합니다!

칼슘 공급원으로 말린 멸치와 잔고기를 추천합니다. 매일 수제 음식에 듬뿍 넣어줍시다. 다이어트식으로 뭐가 좋을지 고민한다면 성공률이 높은 멸치 국밥을 추천합니다. 풍부한 비타민B군이 물질대사를 좋게 하고 당질과 지질 분해를 돕기 때문입니다. 일단 한번 먹여보세요.

1군 2군 **3군** 유지류 풍미

풍부한 항산화 비타민으로 항암 치료 효과를 높인다

호박

주요 영양소

비타민A, 비타민B1, 비타민B2, 비타민B6, 비타민C, 비타민E, 식이섬유, 셀레늄

영양 효과

암 억제 및 개선, 노화 방지, 피부 건강 유지, 감염증 예방, 당뇨병 예방 및 개선

영양과 효능

녹황색 채소인 호박은 베타카로틴을 비롯해서 활성산소를 제거하는 항산화 비타민C와 비타민E가 풍부합니다.

베타카로틴은 체내에서 필요한 양만큼 비타민A로 바뀌고 나머지는 축적되어 암을 억제하거나 노화를 방지합니다. 비타민B1은 당의 대사 작용을 합니다. 비타민C는 베타카로틴과 함께 발암물질 합성을 막는 효과가 있습니다. 비타민E는 항산화 작용이 강력할 뿐만 아니라 혈액을 맑게 해서 생활습관병을 예방합니다.

발암물질의 체외 배출을 촉진하는 식이섬유도 많아서 여러 영양소의 상승효과로 암을 극복할 수 있습니다.

Dr. 스사키의 핵심 조언

이 식재료는 이런 개에게 권장합니다!

호박은 베타카로틴과 비타민C, 비타민E 등 피부와 점막을 보호하는 데 유용한 성분이 풍부합니다. 피부병에 걸린 개에게도 좋을 뿐만 아니라 면역력을 향상시켜 바이러스에 지지 않는 몸을 만들어줍니다. 한입 크기로 썰어서 삶으면 간식으로도 간편하게 이용할 수 있습니다. 단맛이 많이 나는 채소지만 당뇨병 예방에 효과적입니다.

비타민C로 면역력을 강화하며 항스트레스 효과도 있다

콜리플라워

주요 영양소

비타민A, 비타민B1, 비타민B2, 비타민C, 비타민K, 비타민U, 엽산, 식이섬유

영양 효과

암 예방, 노화 방지, 변비 해소, 정장 효과, 정신 안정, 항스트레스, 피부와 뼈의 건강 유지

영양과 효능

콜리플라워와 브로콜리는 같은 양배추 계통에서 탄생했기에 영양 면에서 유사한 부분이 많습니다.

공통적인 특징으로는 비타민C가 풍부하다는 점입니다. 함유량을 비교하면 브로콜리가 더 많지만 데치면 거의 비슷해집니다. 콜리플라워의 비타민C는 열에 강해서 익혀도 손실이 적은 것이지요.

비타민C는 피부와 근육 조직을 결합하는 콜라겐의 생성을 돕는 효과가 있어서 피부와 뼈의 건강 유지에 좋습니다. 면역력을 높이거나 항스트레스에도 효과적입니다.

Dr. 스사키의 핵심 조언

이 식재료는 이런 개에게 권장합니다!

항암 작용이 있는 영양소가 풍부한 콜리플라워는 날마다 먹이는 음식에 적극적으로 넣어야 하는 식품입니다. 특히 풍부한 비타민C는 가열해도 잘 손실되지 않기 때문에 피부 건강에 좋습니다. 애견이 피부병에 걸렸다면 자주 먹이세요. 애견의 스트레스가 쌓였다고 느꼈을 때도 물에 데친 콜리플라워를 수제 음식에 섞어주면 스트레스 완화에 좋습니다.

양배추 특유의 성분인 비타민U가 위장 장애를 해결한다

양배추

주요 영양소

비타민C, 비타민K, 비타민U, 엽산, 칼륨, 칼슘, 식이섬유, 플라보노이드

영양 효과

항궤양, 소화 기능 강화, 변비 해소, 정장 효과, 암 예방, 피부와 뼈의 건강 유지

영양과 효능

양배추는 비타민을 많이 함유하는데 그중에서도 특히 비타민U와 비타민K가 풍부합니다.

비타민U는 캐비진cabbagin이라고도 하는데 양배추에서 발견되어 이런 이름이 붙었다고 합니다. 손상된 위 점막의 물질대사를 활발하게 해서 위 점막을 회복시키며, 위염이나 십이지장궤양 등을 개선하는 데 유용합니다.

비타민K는 튼튼한 뼈를 형성하는 데 필수적인 영양소로 피가 날 때 혈액을 응고시킵니다.

그 밖에도 비타민C를 비롯해서 항산화 작용을 하는 플라보노이드와 페록시데이스(과산화효소) 등 암을 예방하는 성분이 풍부합니다.

Dr. 스사키의 핵심 조언

이 식재료는 이런 개에게 권장합니다!

양배추의 특징적인 영양소인 비타민U는 위 점막을 강화하는 효과가 있어서 위염이나 위궤양이 있는 개에게 강력하게 추천하는 채소입니다. 이 비타민U는 잎사귀 부분보다 심지 부분에 풍부하니 심지도 음식에 활용해주세요. 살짝 익히거나 잘게 다져주면 잘 먹을 겁니다.

풍부한 식이섬유로 배설을 촉진하고 생활습관병을 예방한다

우엉

주요 영양소

엽산, 아연, 철, 마그네슘, 구리, 칼슘, 셀레늄, 식이섬유

영양 효과

생활습관병 예방, 변비 해소, 정장 효과, 암 예방 및 억제, 신장 기능 강화, 해독 촉진

영양과 효능

우엉은 씹는 식감이 독특하며 섬유질이 많은 채소의 대표격입니다. 식이섬유는 장속 노폐물의 배출을 도우며 변비를 해소합니다. 아울러 콜레스테롤과 염분을 흡착하고 배출해서 고혈압 예방에 효과적입니다. 당분의 흡수를 억제하는 작용으로 혈당 수치가 올라가는 것을 방지해서 당뇨병 예방에도 좋지요.

또한 수용성 식이섬유인 이눌린이 신장 기능을 강화해서 이뇨를 촉진하며, 체내의 해독 작용을 향상시키는 데도 좋습니다.

아연과 구리, 셀레늄 등도 많아서 미네랄을 보충하는 데 유용합니다.

Dr. 스사키의 핵심 조언

이 식재료는 이런 개에게 권장합니다!

식이섬유가 많은 우엉은 혈당 수치 상승을 억제하거나 신장 기능을 향상시키는 효과가 있습니다. 당뇨병과 신장병에 걸린 개에게 추천합니다. 또 장속 노폐물을 배출시켜서 배변을 원활하게 합니다. 해독 효과가 있어 평소 수제 음식에 넣어주면 좋습니다. 식이섬유는 개가 소화할 수는 없지만 위에 부담을 주지도 않습니다. 잘게 다져서 푹 익힌 후에 먹이세요.

미네랄이 풍부하고 영양가가 높은 대표적인 녹황색 채소

소송채

주요 영양소

비타민A, 비타민C, 엽산, 칼슘, 철, 칼륨, 아연, 구리, 인

영양 효과

피부와 뼈의 건강 유지, 암 억제, 동맥경화 예방,
혈액순환 촉진, 빈혈 개선, 신장 기능 강화, 해독 촉진

영양과 효능

비타민과 미네랄 모두 풍부해서 굉장히 영양가가 높은 채소입니다. 특히 칼슘 함유량이 시금치의 3배 이상으로 매우 높습니다. 칼슘은 뼈와 치아를 튼튼하게 할 뿐만 아니라 스트레스 완화 작용도 합니다.

그 밖에도 아연과 칼륨, 철, 구리, 인 등 여러 가지 미네랄을 함유합니다. 철과 구리는 빈혈을, 칼륨은 고혈압을 예방합니다.

베타카로틴과 비타민C 등의 항산화력이 강한 비타민도 듬뿍 함유하고 있습니다. 따라서 면역력을 강화하고 생활습관병을 예방하거나 암을 억제하는 효과를 기대할 수 있습니다.

Dr. 스사키의 핵심 조언

이 식재료는 이런 개에게 권장합니다!

간 기능을 향상시켜야 할 때는 소송채가 좋다는 것을 기억해두세요. 풍부한 베타카로틴이 점막을 보호하고 면역력을 높입니다. 정장 작용도 있으니 평소에 듬뿍 먹이면 좋습니다. 세포 생성에 필요한 아연도 풍부해서 애견이 다쳤을 때 먹이면 좋은 채소입니다.

1군 2군 3군 유지류 풍미

식이섬유로 변비를 해소하고, 암과 생활습관병을 예방한다

고구마

주요 영양소

탄수화물, 비타민B1, 비타민B6, 비타민C, 비타민E, 칼륨, 식이섬유, 얄라핀

영양 효과

피부와 뼈의 건강 유지, 정신 안정, 항스트레스,
암 및 생활습관병 예방, 변비 해소, 소화 기능 강화, 정장 효과

영양과 효능

주요 에너지원인 탄수화물을 비롯해서 비타민과 미네랄도 풍부합니다. 그중에서도 비타민C는 풍부할 뿐만 아니라 열에 따른 손실이 적습니다. 면역력을 강화하거나 스트레스에 대한 저항력을 높이는 작용도 있어서 피부와 뼈를 건강하게 하는 데 도움이 됩니다. 또한 항산화력이 강력해서 항산화 비타민E와 함께 활성산소의 피해를 방지합니다.

식이섬유도 풍부해서 변비를 개선하고, 콜레스테롤과 염분의 흡수를 억제해서 동맥경화 및 생활습관병을 예방합니다. 또 얄라핀이라는 성분이 위 점막을 보호하고 배변 활동을 활발하게 합니다.

Dr. 스사키의 핵심 조언

이 식재료는 이런 개에게 권장합니다!

가열해도 비타민C가 잘 파괴되지 않으므로 밥 대신 사용해도 좋습니다. 당 대사를 촉진하는 비타민B군도 풍부해서 당뇨병에 걸린 개에게도 추천하는 식품입니다. 칼로리가 낮고 포만감이 있어서 다이어트에도 도움이 됩니다. 위벽의 점막을 보호하는 얄라핀 성분으로 위가 약한 개도 안심하고 먹을 수 있습니다.

효소 작용으로 소화를 도우며, 무청도 영양이 풍부하다

무

주요 영양소

비타민A, 비타민C, 비타민E, 엽산, 칼륨, 칼슘, 식이섬유, 아밀레이스

영양 효과

변비 해소, 정장 효과, 소화 기능 강화, 암 예방,
신장 기능 강화, 피부와 뼈의 건강 유지, 정신 안정, 항스트레스

영양과 효능

소화 작용이 뛰어난 채소로 위의 기능을 좋게 합니다. 소화 및 흡수를 돕는 아밀레이스 등의 효소를 함유하고 있기 때문인데, 이 소화 효소에는 해독 작용도 있어서 발암물질을 제거하는 데 도움이 됩니다.

그 밖에도 비타민C와 식이섬유가 풍부해서 암을 예방하거나 변비를 해소하는 데도 효과적입니다.

영양적인 면에서는 뿌리 부분보다 무청이 주목을 받고 있습니다. 카로틴과 비타민C, 비타민E를 비롯해서 미네랄도 풍부합니다. 특히 체격을 튼튼하게 만드는 데 필수 요소인 칼슘도 듬뿍 들어 있습니다. 무청까지 활용해서 음식을 만들어봅시다.

Dr. 스사키의 핵심 조언

이 식재료는 이런 개에게 권장합니다!

소화 효소가 많은 무는 위가 약하거나 알레르기가 있는 개에게 좋습니다. 해독 작용이 있는 성분도 있어서 간 기능이 저하될 때도 적극적으로 먹입시다. 그러나 효소는 열에 약하므로 무는 갈아서 생으로 먹여야 합니다. 무청에는 칼슘도 많으므로 칼슘 공급원으로 식단에 자주 활용하기 바랍니다.

강한 항산화력으로 노화를 방지하며, 암을 억제하는 효과가 있다

토마토

주요 영양소

비타민A, 비타민B6, 비타민C, 비타민E, 칼륨, 식이섬유, 구연산, 리코펜

영양 효과

암 억제, 노화 방지, 고혈압 및 동맥경화 예방,
변비 해소, 정장 효과, 소화 기능 강화, 피로 해소, 정신 안정

영양과 효능

건강에 좋은 채소를 대표하는 토마토는 칼로리는 낮고 비타민과 미네랄은 풍부합니다.

그중에서도 토마토의 빨간 색소 성분인 리코펜이 가장 주목받는 영양소입니다. 리코펜은 강한 항산화력으로 면역력을 높이고 암을 억제하거나 노화를 방지합니다. 풍부한 항산화 비타민과 함께 섭취하면 상승효과도 기대할 수 있습니다.

칼륨은 혈중 염분을 배출해서 혈압을 낮추고 동맥경화 예방에 도움이 됩니다. 구연산의 신맛은 위액 분비를 촉진해서 위의 상태를 좋게 유지합니다.

Dr. 스사키의 핵심 조언

이 식재료는 이런 개에게 권장합니다!

몸 상태가 좋지 않은 개에게 만능 효과를 기대할 수 있는 채소입니다. 풍부한 항산화 비타민과 항산화물질인 리코펜의 효과로 혈액을 맑게 하고 세포의 노화를 방지합니다. 토마토는 종류에 따라 종종 염분이 문제가 됩니다. 하지만 칼륨이 염분 배출을 도우니 크게 걱정하지 않아도 됩니다. 영양소 파괴를 줄이기 위해 생으로도 먹지만 가열하면 리코펜의 흡수율이 5배로 증가한다고 합니다. 단맛도 강화되니 다양하게 요리해보세요.

항산화 작용이 강력한 색소 성분 나스닌을 주목하자

가지

주요 영양소

당질, 비타민B1, 비타민B2, 비타민B6, 엽산, 칼륨, 식이섬유, 나스닌

영양 효과

동맥경화, 고혈압, 암 등 생활습관병 예방, 혈액순환 촉진, 이뇨 촉진, 치주 질환 개선

영양과 효능

가지는 90% 이상이 수분으로 이루어져 있으며, 당질과 식이섬유, 소량의 비타민과 칼륨을 함유하고 있습니다. 하지만 이렇다 할 영양이 없는 채소로 오랫동안 여겨져 왔습니다.

그런데 나스닌이라고 하는 효과적인 물질이 확인되면서 주목받고 있습니다. 나스닌은 껍질에 함유된 색소 성분으로, 항산화력이 강해서 콜레스테롤 수치를 낮추고 동맥경화를 방지하며 생활습관병이나 암을 예방하는 효과가 있습니다.

예전부터 한방에서는 가지를 몸의 열을 식히거나 혈액순환을 촉진하는 데 썼습니다. 가지는 이뇨 작용뿐만 아니라 머리에 피가 몰리는 증상을 없애거나 고혈압 예방에 도움을 줍니다.

Dr. 스사키의 핵심 조언

이 식재료는 이런 개에게 권장합니다!

이뇨 작용이 있는 가지는 체내의 독소 배출을 촉진합니다. 애견에게 열이 나고 부종이 나타날 때도 먹여보세요. 또 가지를 검게 구워 양치할 때 쓰면 치주 질환을 예방할 수 있습니다. 오븐에 가지를 숯 상태가 될 때까지 구운 뒤 칫솔에 붙여서 입안을 청소해보세요. 가지 꼭지를 달인 물도 좋습니다.

병원체에 맞서는 저항력을 키우는 베타카로틴이 풍부하다

당근

주요 영양소

비타민A, 비타민B1, 비타민B2, 비타민C, 칼륨, 철, 칼슘, 식이섬유

영양 효과

동맥경화, 고혈압, 암 등 생활습관병 예방, 피부 건강 유지, 백내장 예방, 감염증 예방

영양과 효능

녹황색 채소의 대표인 당근은 베타카로틴이 매우 풍부합니다. 베타카로틴은 소장에서 필요한 분량만큼 비타민A로 바뀌며, 남은 베타카로틴은 항산화 작용으로 활성산소를 억제합니다. 세포의 노화를 방지하고 암과 생활습관병을 예방하는 효과도 있습니다.

비타민A는 점막이나 피부를 건강하게 유지하고 면역력을 향상시킵니다. 병원체의 침입을 막아서 감염증 예방에도 효과적입니다. 눈의 건강을 유지하는 데도 필수적인 영양소로, 백내장 예방에 도움이 됩니다.

풍부한 칼륨은 체내에 쌓인 과다한 염분을 배출시켜서 고혈압을 예방합니다.

Dr. 스사키의 핵심 조언

이 식재료는 이런 개에게 권장합니다!

베타카로틴이 풍부한 당근은 점막을 강화해서 면역력을 향상시킵니다. 감염증에 잘 걸리거나 특히 알레르기 때문에 백신을 접종할 수 없는 개에게는 평소 수제 음식에 적극적으로 넣어줍시다. 단맛과 씹는 맛이 있어서 당근을 좋아하는 개가 많습니다.

비타민C를 비롯한 다양한 성분으로 건강을 뒷받침한다

브로콜리

주요 영양소

비타민A, 비타민B2, 비타민C, 비타민E, 비타민U, 칼륨, 칼슘, 식이섬유

영양 효과

동맥경화, 고혈압, 암 등 생활습관병 예방, 정신 안정, 항스트레스, 피부와 뼈의 건강 유지

영양과 효능

브로콜리는 비타민과 미네랄이 균형 있고 풍부하며 영양가가 높은 녹황색 채소입니다.

그중에서도 비타민C의 함유량이 상당히 높습니다. 대표적인 항산화 비타민인 비타민C는 활성산소의 피해를 막는 중요한 역할을 합니다. 그와 동시에 몸의 면역 기능을 강화해서 바이러스나 병원체에 대한 저항력을 향상시킵니다. 또 피부와 뼈의 건강을 유지하기 위해 반드시 필요한 영양소입니다.

그 밖에도 활성산소 발생을 억제하는 베타카로틴과 활성산소의 해독물질을 활성화하는 설포라판 성분도 함유합니다. 항암 및 생활습관병 예방 효과도 기대할 수 있습니다.

Dr. 스사키의 핵심 조언

이 식재료는 이런 개에게 권장합니다!

비타민C가 풍부한 브로콜리는 피부 상태가 나빠졌을 때 충분히 먹여야 하는 채소입니다. 항암 작용을 하는 성분도 풍부하니 암을 예방하는 데 좋습니다. 요리에 자주 활용해보세요. 비타민C의 손실이나 효소 파괴를 최대한 줄이려면 오래 데치지 않도록 주의해야 합니다. 살짝 익혀서 먹이세요.

활력소인 각종 비타민과 미네랄이 가득하다

시금치

주요 영양소

비타민A, 비타민B1, 비타민B2, 비타민C, 엽산, 칼륨, 철, 망간, 칼슘

영양 효과

빈혈 예방, 혈액순환 촉진, 피로 해소,
동맥경화 예방, 암 억제, 노화 방지, 백내장 예방, 감염증 예방

영양과 효능

옛날부터 힘의 원천이 되는 건강 채소로 널리 알려진 시금치는 비타민과 미네랄이 풍부합니다.

그중에서도 철이나 엽산처럼 조혈 작용을 돕는 성분이 많습니다. 철은 혈중 헤모글로빈의 합성을 촉진하는 효과가 있고, 엽산은 적혈구의 합성을 돕습니다. 엽산은 조혈 비타민이라고 불리기도 합니다. 이러한 성분으로 빈혈을 예방하고 개선합니다.

특히 베타카로틴이 많아서 활성산소를 제거하는 데 도움이 되며, 면역력을 향상시켜서 감염증 예방에도 좋습니다. 철의 흡수를 돕는 비타민C와 비타민B군도 풍부합니다.

Dr. 스사키의 핵심 조언

이 식재료는 이런 개에게 권장합니다!

시금치는 철분이 많아 빈혈 증상을 보이는 개에게 먹이면 좋습니다. 풍부한 베타카로틴은 피부와 점막을 보호하고 감염증을 예방합니다. 칼슘은 뼈와 치아의 건강을 유지하거나 스트레스를 해소하는 데 효과를 발휘합니다. 특히 알레르기 때문에 동물성 칼슘을 섭취할 수 없는 개에게는 시금치로 칼슘을 섭취시켜야 합니다.

위를 보호하고 피로를 해소하며, 자양강장에 효과적이다

참마

주요 영양소

탄수화물, 비타민B1, 비타민C, 칼륨, 식이섬유, 뮤신, 아밀레이스, 사포닌

영양 효과

피로 해소, 스태미나 증진, 고혈압 등 생활습관병 예방,
혈액순환 촉진, 정장 효과, 소화 기능 강화

영양과 효능

참마는 감자류 중에서 유일하게 생으로 먹어도 문제가 없습니다. 영양분을 파괴하지 않고 섭취할 수 있다는 점이 가장 큰 장점이지요. 참마는 전분 분해 효소인 아밀레이스가 풍부합니다. 아밀레이스는 소화를 도울 뿐만 아니라 대사를 촉진해서 피로를 해소하는 효과도 있습니다.

칼륨이 많은 것도 특징입니다. 칼륨은 체내에 남아 있는 나트륨의 배출을 촉진해서 혈압 상승을 억제하고 생활습관병을 예방합니다.

참마의 독특한 점성은 뮤신이라고 하는 성분 때문인데, 뮤신은 위벽의 점막을 강화해서 위궤양을 개선하는 데도 효과적입니다.

Dr. 스사키의 핵심 조언

이 식재료는 이런 개에게 권장합니다!

참마의 미끈미끈한 식감의 원인인 뮤신은 위 점막을 보호하는 기능이 있습니다. 위가 약해졌을 때나 장염 개선에 도움이 됩니다. 소화 능력이 낮은 개에게도 적극적으로 먹여야 할 채소입니다. 또한 수용성 섬유질이 풍부해서 혈당 수치가 올라가는 것을 방지합니다. 비만이나 생활습관병을 예방하는 효과도 있을 뿐만 아니라 당뇨병에 걸린 개에게 좋습니다.

칼로리가 낮고 식이섬유가 풍부하며 암 예방에도 효과적이다

버섯

주요 영양소

비타민B1, 비타민B2, 비타민D, 엽산, 나이아신, 칼륨, 식이섬유, 글루칸

영양 효과

암 및 생활습관병 예방, 변비 및 비만 해소,
뼈와 치아 강화, 정신 안정, 피로 해소, 면역력 증강

영양과 효능

칼로리가 낮은 버섯은 다이어트에 좋은 식품입니다. 식이섬유도 풍부해서 변비를 해소할 뿐만 아니라 장내 유해물질 배출을 촉진해서 생활습관병을 예방합니다.

영양소 면에서는 비타민B군과 비타민D의 기초가 되는 성분이 풍부합니다. 비타민B군은 지질과 당질의 대사를 촉진해서 피로 해소에도 좋습니다. 비타민D는 칼슘 흡수를 도와서 뼈를 튼튼하게 만드는 데 반드시 필요합니다.

또한 버섯에 함유된 글루칸이라는 다당질에는 강력한 항암 효과가 있습니다. 특히 잎새버섯은 글루칸이 풍부한 것으로 알려져 있습니다.

Dr. 스사키의 핵심 조언

이 식재료는 이런 개에게 권장합니다!

물에 버섯을 담가야 중요한 성분이 용해됩니다. 버섯을 잘게 다진 뒤 푹 끓여서 우려내면 면역력을 향상시키는 성분이 녹아든 국이 완성됩니다. 그 국물을 사료나 음식 위에 부어서 주세요. 병원체 등에 맞서는 저항력이 떨어진 유견 및 노견에게 자주 먹이면 좋습니다.

이뇨 작용으로 부종을 개선하며 디톡스 효과가 있다

콩류

주요 영양소

단백질, 비타민B1, 비타민B2, 나이아신, 칼륨, 칼슘, 철, 식이섬유, 사포닌

영양 효과

동맥경화 및 생활습관병 예방, 변비 해소,
정장 효과, 피로 해소, 스태미나 강화, 신장병 예방, 부종 해소

영양과 효능

식물성 단백질을 비롯해서 비타민B군과 미네랄, 식이섬유가 풍부합니다.

비타민B군은 당질이나 지질을 에너지로 바꾸고 대사를 촉진합니다. 피로를 풀거나 손상된 세포를 회복시키고 발육을 돕습니다.

식이섬유는 체내의 유해물질을 배출하거나 콜레스테롤의 흡수를 방지합니다. 뿐만 아니라 변비 해소 및 동맥경화 예방에도 도움이 됩니다.

또한 콩의 쓴맛 성분인 사포닌에는 이뇨 작용 성분이 있어서 신장 질환 등으로 생기는 부종을 없애줍니다. 혈중 콜레스테롤을 억제해서 생활습관병 예방에도 효과가 좋습니다.

Dr. 스사키의 핵심 조언

이 식재료는 이런 개에게 권장합니다!

콩의 모양은 신장과 비슷하게 생겼지요. 비슷해서일까요? 콩은 이뇨 작용을 하는 성분이 많습니다. 신장병이 있는 개에게 단백질원으로 좋습니다. 배설이 원활해야 디톡스가 이뤄집니다. 어느 콩이 좋은지 까다롭게 선택할 필요 없이 집에 있는 것을 사용해도 충분합니다. 평소 수제 음식에 콩류를 자주 넣어주세요.

부족하기 쉬운 미네랄 성분이 풍부한 '바다의 채소'

해조류

주요 영양소

비타민A, 비타민B1, 비타민B2, 칼슘, 철, 아연, 마그네슘, 아이오딘, 식이섬유

영양 효과

뼈와 치아 강화, 빈혈 예방, 항스트레스, 갑상샘종 개선, 변비 해소, 정장 효과

영양과 효능

저칼로리 식품으로 알려진 해조류는 '바다의 채소'라고 불릴 정도로 영양이 풍부합니다. 특히 몸에 부족하기 쉬운 미네랄 성분이 풍부합니다.

칼슘은 뼈와 치아를 튼튼하게 만들고 정신 안정 효과도 있습니다. 따라서 성장기에는 자주 섭취시켜야 하는 영양소입니다.

철은 적혈구 속에 있는 헤모글로빈의 재료가 되는 성분으로 조혈 작용을 합니다. 빈혈 증상을 보일 때 꼭 섭취시키세요.

아이오딘은 갑상샘 호르몬의 원료로서 뇌 기능을 돕고 온몸의 기초대사를 촉진합니다. 식이섬유도 풍부해서 변비 해소 및 정장 작용에 도움을 줍니다.

Dr. 스사키의 핵심 조언

이 식재료는 이런 개에게 권장합니다!

해조류에 함유된 미네랄은 흡수율이 매우 높은 미네랄 공급원입니다. 면역력을 향상시키고 감염증을 예방하기 위해서라도 평소 수제 음식에 꾸준히 넣어주세요. 해조류는 버섯과 마찬가지로 소화가 잘되지 않으므로 최대한 잘게 다져서 사용하는 것이 중요합니다. 푹 끓여서 맛을 우려낸 국물을 활용하세요.

유효성분이 풍부한 이상적인 단백질원

콩 제품

주요 영양소

단백질, 비타민B1, 비타민B2, 비타민E, 칼륨, 칼슘, 사포닌, 이소플라본

영양 효과

암 및 생활습관병 예방, 노화 및 비만 예방,
콜레스테롤 저하, 피로 해소, 스태미나 증진

영양과 효능

'밭에서 나는 고기'라고 불리는 콩은 이상적인 아미노산 균형을 지닌 단백질이 주성분입니다. 콜레스테롤을 저하하는 효과가 있는 리놀레산 등 양질의 지질을 함유하는 고단백 저칼로리 식품입니다.

두부나 유부 등 콩 제품의 효능은 콩과 거의 동일하며, 피로 해소에 좋은 비타민B1과 항산화 작용이 강력한 비타민E가 풍부합니다.

게다가 체내에서 지질대사를 촉진하는 사포닌이나 암 예방에 효과가 있는 것으로 알려진 이소플라본 등 콩 특유의 성분이 풍부합니다.

Dr. 스사키의 핵심 조언

이 식재료는 이런 개에게 권장합니다!

알레르기 때문에 육류를 제외한 음식으로 단백질을 섭취시켜야 할 때는 콩 제품을 수제 음식에 이용하면 좋습니다. 두부는 저칼로리 단백질원이므로 다이어트가 필요하거나 당뇨병, 신장병이 있는 개에게 강력 추천합니다. 또한 낫토를 좋아하는 개가 제법 많으니 애견의 식욕이 없을 때 먹여보세요.

응축된 영양소로 생활습관병과 암을 물리친다

견과류

주요 영양소

지질, 비타민B1, 비타민B2, 비타민E, 칼슘, 철, 칼륨, 식이섬유

영양 효과

동맥경화 및 생활습관병 예방, 노화 방지,
암 억제, 피부 건강 유지, 스태미나 증진, 면역력 강화

영양과 효능

아몬드와 땅콩의 주성분은 지질이고 대부분이 리놀레산과 올레산 같은 불포화지방산입니다. 불포화지방산은 체내의 유해한 콜레스테롤은 줄이고 좋은 콜레스테롤은 늘립니다. 따라서 동맥경화나 혈전 예방에 효과가 있습니다.

비타민 중에서는 비타민B군과 비타민E가 풍부합니다. 비타민B군은 당질과 지질의 대사 작용을 활발하게 하고 피로물질이 생기거나 쌓이는 것을 막아 몸에 활력을 돌게 합니다. 비타민E는 강력한 항산화 작용으로 세포를 젊고 생기 있게 유지하며 암을 예방합니다.

하지만 칼로리가 상당히 높으니 많이 먹이지 않도록 주의합시다.

Dr. 스사키의 핵심 조언

이 식재료는 이런 개에게 권장합니다!

병에 잘 걸리는 허약한 개에게는 제철 과일 씨앗의 알맹이를 먹여보세요. 중국에서는 비파나 살구, 미국에서는 자몽의 씨 등이 감염증 예방에 좋은 성분으로 사용되고 있습니다. 그렇지만 과일 씨의 얇은 막이 독소를 함유하는 경우가 있으므로 반드시 벗겨서 알맹이만 먹이도록 하세요. 많은 양을 먹여도 설사를 유발할 수 있으니 조심합시다.

풍부한 비타민C로 암과 감염증을 예방한다

과일

주요 영양소

비타민C, 비타민E, 엽산, 칼륨, 식이섬유, 구연산, 안토시아닌

영양 효과

동맥경화 및 생활습관병 예방, 암 억제, 감염증 예방,
피부와 뼈의 건강 유지, 정신 안정, 신장 기능 강화

영양과 효능

비타민C는 여러 과일에 많은 영양소입니다. 감귤류 외에도 딸기나 키위에도 듬뿍 함유되어 있으며, 항산화 작용이 강력해서 활성산소를 제거하는 데 효과적입니다. 피부와 뼈를 건강하게 유지하고 감염증을 예방합니다.

칼륨이 풍부한 과일로는 사과와 귤이 있습니다. 칼륨은 체내에 쌓인 염분 배출을 촉진하고 동맥경화를 예방합니다. 이뇨 작용도 있어서 신장 기능을 보조합니다.

안토시아닌 등 과일에 풍부한 폴리페놀은 강력한 항산화물질입니다. 생활습관병과 암 예방에 도움을 줍니다.

Dr. 스사키의 핵심 조언

이 식재료는 이런 개에게 권장합니다!

개는 과일의 단맛을 굉장히 좋아해서 식욕이 없을 때 먹이면 좋습니다. 이뇨 작용으로 신장병이 있는 개에게도 도움이 됩니다. 하지만 신맛을 싫어하는 개도 많으니 어떤 과일을 좋아하는지 이것저것 먹여보세요. 또 과일주스를 먹이면 몸을 정화하는 데 좋기 때문에 일주일에 한 번 정도는 만들어줍시다.

소화 흡수가 잘되는 칼슘을 챙긴다

유제품

주요 영양소

단백질, 비타민A, 비타민B1, 비타민B2, 비타민B6, 칼륨, 칼슘, 인

영양 효과

뼈와 치아 강화, 정신 안정, 노화 방지,
동맥경화 예방, 간 기능 강화, 변비 해소, 정장 효과, 소화 기능 강화

영양과 효능

치즈와 요구르트는 맛과 모양이 다르지만, 똑같이 우유를 원료로 하기 때문에 함유된 영양소는 비슷합니다. 그중 공통적으로 많은 것이 바로 칼슘입니다. 칼슘은 뼈와 치아를 튼튼하게 하고 정신을 안정시키는 효과가 있습니다.

우유나 산양유를 발효시켜 굳힌 치즈는 칼슘과 단백질이 우유일 때보다 훨씬 많아서 소화 흡수가 잘되는 상태가 됩니다. 또 치즈는 간 기능을 강화하는 메티오닌도 풍부합니다.

우유를 유산균으로 발효시킨 요구르트도 칼슘과 비타민B2가 많습니다. 유산균은 장내 유익균을 활성화해서 노화를 방지합니다.

Dr. 스사키의 핵심 조언

이 식재료는 이런 개에게 권장합니다!

개는 치즈의 향을 매우 좋아합니다. 애견의 식욕이 떨어졌을 때 치즈로 음식에 풍미를 더해주세요. 하지만 유제품에 알레르기가 있는 개들이 많습니다. 애견이 먹어도 괜찮은지 확인하고 주세요. 칼슘 공급원으로 해조류를 활용하는 것도 안전한 방법입니다.

1군 2군 3군 유지류 풍미

백미보다 몇 배나 더 다양한 유효성분이 배아에 들어 있다

현미

주요 영양소

단백질, 탄수화물, 비타민B1, 비타민B2, 비타민B6, 비타민E, 철, 아연, 식이섬유

영양 효과

동맥경화 예방, 암 억제, 노화 방지,
변비 해소, 정장 효과, 피로 해소, 정장 효과 촉진

영양과 효능

쌀은 배아와 쌀알의 겉에 영양소가 집중되어 있습니다. 따라서 이것들을 제거한 뒤 배젖만 남아 있는 백미보다 현미가 영양가가 더 높습니다. 또 현미에는 비타민B군과 비타민E를 비롯해서 미네랄과 식이섬유도 백미보다 훨씬 풍부합니다.

비타민B군은 당질대사를 촉진해서 에너지로 바꾸는 작용이 있어서 피로 해소에 좋습니다. 비타민E는 강력한 항산화 작용으로 세포의 노화를 억제하고 암을 예방합니다.

현미는 중요한 영양소가 풍부하기 때문에 먹이면 체력을 키우고 허약 체질을 개선하는 데 효과적입니다.

Dr. 스사키의 핵심 조언

이 식재료는 이런 개에게 권장합니다!

현미는 백미보다 영양소가 풍부해서 요양 중이거나 기운이 없는 개 등 모든 개에게 주식으로 추천하는 식품입니다. 하지만 소화가 잘되지 않으므로 오래 푹 끓이거나 잘게 갈아서 먹여야 합니다. 또 농약의 영향으로 몸에 오히려 나쁜 성분이 들어올 가능성도 있습니다. 현미는 믿을 수 있는 곳에서 구입하도록 주의하세요.

영양가가 높고 체력을 강화하며 간 기능을 증진한다

곡류

주요 영양소

단백질, 탄수화물, 비타민B1, 비타민B2, 비타민E, 칼륨, 철, 아연, 마그네슘

영양 효과

체력 증진, 피로 해소, 간 기능 개선 및 강화, 변비 해소, 정장 효과, 부종 해소, 해독 촉진

영양과 효능

조, 수수, 피 같은 잡곡은 영양가가 높아서 건강식에 자주 활용됩니다. 단백질과 비타민, 미네랄을 균형 있게 함유해서 체력 증진에 도움이 됩니다.

곡류에 풍부한 비타민B군은 피로를 해소하고 간 기능을 향상시키거나 발육을 촉진하는 효과가 있습니다. 아연은 당질대사를 향상시키고 물질대사를 증진시킵니다. 철은 적혈구의 주요한 성분이며 빈혈을 예방합니다.

율무는 소염, 이뇨, 진통 등의 효과가 있으며, 체내의 수분과 혈액의 흐름을 좋게 하고 해독을 촉진합니다. 부종 해소에도 효과적입니다.

Dr. 스사키의 핵심 조언

이 식재료는 이런 개에게 권장합니다!

율무 같은 잡곡류는 체력을 기르는 데 매우 좋은 식품입니다. 병에 잘 걸리는 허약한 개에게는 수제 음식에 반드시 섞어주세요. 비타민과 미네랄을 보충해서 간 기능을 정상으로 되돌리는 작용을 하기 때문에 간 질환이 있는 개에게도 추천합니다. 하지만 딱딱하고 소화가 잘되지 않으므로 충분히 불리고 익혀서 주세요.

유해 콜레스테롤을 줄여서 혈관을 건강하게 유지한다

식물성 기름

주요 영양소

비타민E, 비타민K, 칼륨, 철, 마그네슘, 인, 올레산, 리놀레산

영양 효과

동맥경화 및 고혈압 예방, 콜레스테롤 저하,
변비 해소, 정장 효과, 소화 기능 강화, 피부 건강 유지

영양과 효능

에너지원이 되는 기름은 주요 성분인 지방산의 종류에 따라 효과가 다릅니다. 육류는 포화지방산이 많지만, 식물성 기름은 불포화지방산이 주요 성분입니다. 불포화지방산은 콜레스테롤을 억제하는 효과가 있습니다.

불포화지방산은 1가 불포화지방산(이중결합이 하나인 단일 불포화지방산)과 다가 불포화지방산으로 나뉘는데, 그중 건강에 가장 좋은 것이 1가 불포화지방산인 올레산입니다.

올레산은 식물성 기름 중에서도 올리브유와 카놀라유에 풍부합니다. 유해 콜레스테롤은 줄이고 좋은 콜레스테롤은 늘려서 동맥경화나 고혈압을 예방합니다.

Dr. 스사키의 핵심 조언

이 식재료는 이런 개에게 권장합니다!

애견의 혈관 건강이 걱정된다면 동물성 기름보다는 올리브유나 참기름 같은 식물성 기름을 사용합시다. 혈중 콜레스테롤을 감소시켜서 동맥경화나 심장병 예방에 좋습니다. 참기름 냄새를 싫어하는 개에게는 엑스트라 버진 올리브유를 사용하면 맛있게 먹기도 합니다.

PART 4

효과로 보는 영양소 사전

개에게 필요한 영양소

영양소의 효능을 알아두자

➔ 어떤 영양소에 어떤 기능이 있는지 알아두면 반려견의 식단을 짤 때 큰 도움이 됩니다.

5대 영양소는 물론 식이섬유도 잊지 말자

- 당질
- 지질
- 단백질
- 비타민
- 미네랄
- 식이섬유

일반적인 식생활에서는 영양 균형을 걱정하지 않아도 된다

동물의 몸은 항상 영양이 필요합니다. 영양소는 세 가지 중요한 역할을 합니다.

첫째, 생명 유지 및 활동 에너지원이 됩니다. 둘째, 뼈와 근육, 혈액 등 신체 조직을 형성합니다. 셋째, 호르몬과 효소, 면역 활성물질 등을 생성해서 몸 상태를 조절합니다.

따라서 앞서 소개한 5대 영양소가 반드시 필요하며, 체내에 쓸데없는 물질을 배출하는 식이섬유도 빠뜨릴 수 없습니다.

그런데 애견에게 수제 음식을 주고 싶어도 항상 여섯 가지 영양소를 골고루 갖춰서 줘야 한다면 어렵게 느껴질 수 있습니다. 하지만 이 영양소들은 일반적으로 여러 음식을 먹이면 자연스럽게 섭취할 수 있으니 너무 걱정하지 마세요.

이를테면 고기나 생선만 먹는 극단적인 편식을 하지 않는다면 영양 균형이 무너져서 병에 걸리지는 않습니다. 반려인은 음식을 골고루 챙기는 데 신경 써주세요.

비타민과 미네랄은 수제 음식으로 섭취시키자

당질, 지질, 단백질은 극히 일부를 제외하고 대부분 체내에서 합성할 수 있지만 비타민과 미네랄은 식사로 섭취시켜야 합니다.

개는 비타민C를 체내에서 합성할 수 있어서 따로 섭취시키지 않아도 된다고 하는데, 필요한 만큼 충분히 만들 수 있을지 의심스럽습니다. 또 집에서 기르는 개는 스트레스를 많이 받기 때문에 건강 유지를 위해서라도 비타민C를 따로 챙기는 것이 좋습니다. 비타민C는 수용성 비타민이라서 지나치게 섭취한 분량은 배설되지만 필요한 양만 주는 것이 좋습니다.

지용성 비타민인 비타민A, D, E, K의 경우 과잉증을 염려하는 분이 많습니다. 하지만 일반적인 식생활에서 비타민의 과다 섭취로 병에 걸리기는 쉽지 않으니 걱정하지 않아도 됩니다.

또한 미네랄의 경우 야생에서 지내는 개들은 주로 식물이나 흙을 먹어서 섭취합니다. 뼈보다 해조류나 채소가 미네랄 흡수 효율이 높다고 하니 일부러 치아를 상하게 하는 위험을 감수해가면서 뼈를 먹일 필요는 없습니다.

우리가 먹는 식재료로 만든 음식에 개에게 필요한 영양소는 충분합니다. 수제 음식으로도 영양 균형을 챙길 수 있으니 걱정하지 말고 시작해보세요.

Dr. 스사키의 핵심 조언

개와 사람의 차이를 유난히 강조하는 분들이 많습니다. 이를테면 개는 장이 사람보다 짧아서 채소를 먹이면 부담을 준다고 하는데, 소화되지 않으면 그대로 배출하므로 과다하게 주거나 내벽을 다치게 할 만한 이유가 없으면 장에 부담 줄 일은 없습니다.

개는 늘 사람의 곁에서 진화해왔기 때문에 적응 능력이 굉장히 뛰어나며 잡식성이 강한 동물이라는 사실을 잊지 마세요.

건강의 근원이 되는 에너지원

당질

당질이 풍부한 식품

백미, 현미, 우동, 메밀국수, 율무, 고구마, 사과,
바나나, 딸기, 포도, 수박, 호박, 참마, 콩, 팥, 완두콩, 요구르트

영양 효과

에너지 충전, 피로 해소, 뇌 활성화, 해독 촉진

➔ 밥이나 감자류에 많은 당질은 중요한 활력소입니다. 뇌와 신경 기능을 정상으로 유지하는 데 빠뜨릴 수 없는 영양소입니다.

뇌와 신경 조직의 기능이 제대로 작용하기 위해 반드시 필요하다

주로 에너지원으로 사용되는 당질은 '탄수화물'이라고도 하며, 밥을 비롯해 곡류, 면류, 감자류 등에 풍부합니다. 분자량의 크기에 따라 단당류, 이당류, 다당류, 이렇게 세 종류로 나뉘며 효과도 각기 다릅니다.

체내에 들어온 당질은 소화 흡수된 후 글루코스(포도당)로 분해되며 주변 조직에 저장되어 에너지로 이용됩니다. 뇌 세포나 신경 조직, 적혈구 등의 에너지원이 되는 영양소는 당질의 글루코스뿐입니다.

당질은 단당류인 포도당으로 대사가 이루어집니다. 과일이나 벌꿀 등의 단당류는 흡수가 좋아 몸에 부담을 주지 않습니다. 먹으면 혈당 수치가 즉시 올라가므로 일시적인 피로 해소나 에너지 공급이 필요할 때는 천연 과즙을 먹이는 것이 좋습니다.

한편 쉽게 흡수되는 만큼 체내에서 지방으로 변하기 쉽습니다. 또 충치가 생기는 원인이 되기도 하니 지나치게 섭취하지 않도록 주의합시다.

개에게 당질을 주면 안 된다?

개에게는 당질을 주지 않아도 단백질을 충분히 공급하면 살 수 있다는 실험 결과가 있습니다. 즉 단백질이 분해되고 포도당 형태로 바뀌어 에너지원이 됩니다. 당질을 만들 수 있는 것이지요. 그러나 개에게 당질을 공급하면 안 된다고 굳게 믿는 사람도 많습니다. '주지 않아도 된다'와 '주면 안 된다'는 말의 의미는 다릅니다. 잘못된 정보는 작은 차이에서 생깁니다.

- 부족하면?

  몸을 구성하는 단백질과 체지방을 분해해서 에너지로 이용합니다. 근육이 감소하고, 에너지가 온몸으로 골고루 전달되지 않아서 쉽게 피로해집니다.

- 과다 섭취하면?

  여분의 당질은 간에 글리코겐으로 축적되지만, 양이 지나치면 지방으로 합성되어 체지방으로 축적됩니다. 과다 섭취는 비만으로 이어지고 당뇨병 같은 생활습관병을 일으킬 수 있습니다.

Dr. 스사키의 핵심 조언

정보의 맞고 틀림을 한 번씩은 확인해보세요. 당질은 개에게도 중요한 에너지원입니다.

효율적인 에너지를 공급한다

지질

지질이 풍부한 식품

참치, 고등어, 꽁치, 정어리, 가다랑어, 방어, 갈치, 간,
소고기, 콩, 호두, 아몬드, 아보카도, 닭 껍질, 올리브유, 참기름, 카놀라유

영양 효과

에너지 저장, 동맥경화 및 생활습관병 예방, 뇌 기능 유지

→ 지질은 다이어트의 가장 큰 적이지만 몸에 중요한 역할도 합니다. 균형 있게 섭취시키는 게 중요합니다.

몸에 좋은 지방산을 적극적으로 섭취시키자

자칫하면 나쁜 영양소 취급을 당하기 쉬운 지질은 세포막이나 혈액처럼 몸을 구성하는 성분으로, 없어서는 안 될 영양소입니다. 지용성 비타민의 흡수를 촉진하며 신경 기능에도 깊이 관여합니다.

가장 큰 특징은 에너지 효율이 높다는 점입니다. 소량으로도 많은 에너지를 얻을 수 있는 만큼 과다 섭취는 비만으로 이어집니다.

지질은 지방산으로 이루어져 있는데 구조에 따라 포화지방산과 불포화지방산으로 나뉩니다. 포화지방산은 육류나 유제품 등의 동물성 지방에, 불포화지방산은 등 푸른생선이나 식물성 기름에 많습니다.

포화지방산은 체내에서 콜레스테롤을 만드므로, 과다 섭취하면 콜레스테롤이나 중성 지방이 지나치게 증가해서 동맥경화를 유발합니다.

반대로 불포화지방산에는 콜레스테롤을 줄이는 효과가 있습니다. 또한 리놀레산과 리놀렌산처럼 체내에서 합성할 수 없는 필수지방산이 들어 있습니다. 음식으로 섭취시켜야 합니다.

다이어트 중에 지질은 섭취시키지 않아도 된다?

반려인 중에는 가끔 다이어트를 위해 지방분을 전혀 섭취시키지 않는다는 분이 있습니다. 하지만 그랬다가는 피부가 거칠거칠해지고 컨디션이 나빠집니다. 지질을 삼가야 하는 경우라도 전혀 섭취시키지 말라는 뜻이 아닙니다. 다이어트를 할 때는 동물성보다 식물성 식품을 중심으로 주면 됩니다.

- 부족하면?

  온몸의 피부가 건조해져서 거칠거칠해지고, 상처가 잘 낫지 않게 됩니다. 또 에너지가 부족해서 면역력이 떨어지고 피부병과 감염증에 쉽게 걸립니다.

- 과다 섭취하면?

  에너지가 지나치게 많아져서 비만이 될 수 있습니다. 특히 포화지방산을 과다 섭취하면 동맥경화를 비롯해 심장병이나 당뇨병 같은 생활습관병에 걸릴 위험이 높아지고, 암이 생길 확률도 커집니다.

Dr. 스사키의 핵심 조언

비만을 우려해서 지질을 전혀 주지 않으면 몸에 악영향을 미치기도 합니다. 식물성 기름이나 등 푸른생선을 수제 음식에 활용합시다.

몸의 중요한 부분을 형성하는 주성분

단백질

단백질이 풍부한 식품

달걀, 소고기, 닭고기, 돼지고기, 간, 전갱이, 정어리, 고등어, 연어, 참치, 장어, 날치, 새우, 콩, 두부, 풋콩, 코티지치즈, 우유

영양 효과

성장 촉진, 뇌 활성화, 정신 안정, 면역력 향상

→ 튼튼한 몸을 만들기 위해 단백질은 반드시 필요한 영양소입니다. 필수 아미노산의 균형 정도로 그 영양가가 달라집니다.

동물성과 식물성 단백질을 골고루 섭취시키자

체격을 형성하고 생명 활동을 유지하기 위해 필수적인 영양소입니다. 몸의 기본이 되는 근육과 장기, 피부, 혈관 등의 조직을 비롯하여 호르몬과 효소, 면역 항체 등도 모두 단백질로 이루어져 있습니다. 특히 신체 발달이 두드러지는 성장기에는 많은 양의 단백질이 필요합니다.

단백질은 약 20종류의 아미노산이 결합한 것으로, 그 종류와 함유량에 따라 성질이 다릅니다. 아미노산은 체내에서도 합성되는데, 체내 합성이 안 되거나 합성량이 부족한 것을 필수 아미노산이라고 하며 반드시 식품으로 섭취해야 합니다. 이 필수 아미노산을 균형 있게 함유하는 단백질을 영양가적인 가치가 높은 '양질의 단백질'이라고 부릅니다.

육류나 어패류에 함유된 동물성 단백질은 필수 아미노산은 균형이 있는 한편 지질이나 콜레스테롤이 많습니다. 콩이나 곡류에 풍부한 식물성 단백질과 함께 골고루 음식에 넣도록 신경 써주세요.

필수 아미노산이 충분한지 걱정스럽다?

단백질이라고 하면 필수 아미노산이 함유되었는지 특별히 신경 쓰는 분이 있는데, 평소에 육류나 생선 등을 골고루 먹이면 부족할 일은 없습니다. 알레르기 등으로 철저한 채식을 한다면 다른 보조식품을 챙겨주지 않는 한 저항력이 떨어질 수 있습니다. 단백질 섭취가 부족할 때는 털이 거칠어지는 등 변화가 나타나므로 평소에 잘 관찰해주세요.

- 부족하면?

  피부가 거칠어지고 상처 회복이 더디며, 스태미나가 떨어져 쉽게 피로해집니다. 면역력도 떨어져서 감염증에 걸리거나 성장기에는 발육 장애가 나타나기도 합니다.

- 과다 섭취하면?

  단백질은 체내에 축적되지 않으므로 지나치게 섭취한 분량은 소변으로 배출됩니다. 하지만 과하게 섭취한다면 체중이 증가하거나 간과 신장에 무리가 갈 수 있습니다. 또 지나치게 많이 배출된다면 칼슘의 배출량도 늘어나서 뼈가 약해질 가능성이 높아집니다.

Dr. 스사키의 핵심 조언

일반적인 식생활에서 필수 아미노산이 부족해질까 봐 걱정할 필요가 없습니다. 그래도 걱정이 된다면 털에 변화가 있는지 자주 확인해주세요.

장내 유해물질 배출을 촉진한다

식이섬유

식이섬유가 풍부한 식품

우엉, 브로콜리, 고구마, 멜로키아, 호박, 버섯, 콩,
낫토, 팥, 강낭콩, 아몬드, 미역, 톳, 다시마, 키위, 현미

영양 효과

변비 해소, 생활습관병 및 비만 예방, 독소 배출 작용 촉진

➔ 식이섬유는 변비 해소부터 암 예방까지 폭넓은 효능을 지녔습니다. 체중을 관리해야 하는 비만견이나 변비에 잘 걸리는 노견에게 필요한 영양소입니다.

많은 효과가 있는 '여섯 번째 영양소'

예전에는 식이섬유를 영양소의 흡수를 저해하는 성분으로 생각해서 전혀 인정받지 못했습니다. 하지만 건강 유지와 생활습관병 예방에 도움이 되는 기능이 잇따라 발견되면서 5대 영양소에 버금가는 '여섯 번째 영양소'로 불립니다.

식이섬유는 흡수되지 않고 몸 밖으로 배출됩니다. 그러나 장속에서 불어나 수분을 흡수하는 성질이 있기 때문에 유해물질을 흡착하여 배출을 돕습니다. 독소를 분해하는 장내 세균의 활동을 돕는 기능도 있습니다. 따라서 배변이 원활해지고 변비가 해소됩니다.

해조류나 과일에 풍부한 수용성 식이섬유는 혈중 콜레스테롤을 감소시키고 혈당 수치가 급상승하는 것을 억제합니다. 동맥경화와 당뇨병 예방에도 효과가 있지요.

또한 소화 흡수되지 않고 몸속에서 불어나는 식이섬유는 포만감을 오랫동안 유지하므로 체중 관리에도 도움을 줍니다.

소화할 수 없는 식이섬유는 위에 부담을 준다?

개는 식이섬유를 소화할 수 없기 때문에 식이섬유가 위에 부담이 된다고 하는데 이는 잘못된 정보입니다. 사람을 포함해서 식이섬유를 체내 효소로 소화할 수 있는 동물은 이 세상에 존재하지 않기 때문이지요. 개에게 부담이 된다면 사람도 마찬가지일 것입니다. 사람들이 식이섬유가 부담된다는 말을 하지 않듯이 식이섬유 때문에 병에 걸리는 경우는 없습니다. 그러니 안심하고 식이섬유가 풍부한 음식을 먹이세요. 단, 소화가 잘되도록 채소는 푹 익혀서 주세요.

• 부족하면?

장의 기능이 떨어져 변비에 걸리기 쉬워집니다. 장내 유해물질이 오랫동안 남아 있으면 대장암에 걸릴 위험도 높아집니다. 또 혈당 수치가 쉽게 상승해서 당뇨병을 일으킵니다.

• 과다 섭취하면?

일반적으로 식사할 때는 과다 섭취할 일이 없지만, 간혹 지나치게 섭취하면 설사를 하는 경우가 있습니다. 장기간에 걸쳐 과다 섭취하면 칼슘이나 철분 등의 흡수를 저해해서 미네랄이 부족해질 수도 있습니다.

Dr. 스사키의 조언

식이섬유를 소화하지 못해도 위에 부담을 주지 않습니다. 유해한 물질과 함께 몸 밖으로 배출되므로 해독에도 유용합니다.

눈을 보호하며 면역력을 높인다

비타민A

비타민A가 풍부한 식품

간, 달걀노른자, 장어, 김, 쑥갓, 당근, 호박, 시금치

기름을 함께 사용해서 흡수율을 높인다

비타민A는 눈의 비타민이라 불릴 정도로 눈의 건강을 위해 반드시 필요한 영양소입니다. 눈 점막의 성분인 동시에 시력을 정상으로 유지하기 때문입니다.

피부와 뼈의 건강을 유지하는 역할을 하고, 점막을 형성하는 데 깊이 관여합니다. 병원체의 침입을 막아 감염증도 예방합니다.

비타민A는 간 등의 동물성 식품에 함유된 레티놀과 주로 녹황색 채소에 함유된 카로틴으로 나뉩니다. 카로틴은 체내에서 필요한 양만큼 비타민A로 변합니다.

특히 베타카로틴은 암 억제 효과로 널리 알려져 있습니다. 베타카로틴을 효과적으로 섭취하려면 유지류를 함께 섭취시키세요. 채소를 기름으로 볶으면 흡수율이 높아집니다.

부족하거나 과다 섭취하면?

부족하면 점막이 약해져서 감염증에 걸리기 쉬워집니다. 피부 장애나 안질환도 생깁니다. 과다 섭취하면 급성 중독증을 일으켜서 구토하거나 체중이 감소합니다.

항암, 항스트레스 효과가 있다

비타민C

비타민C가 풍부한 식품

브로콜리, 호박, 피망, 고구마, 녹색 채소, 딸기, 귤

스트레스 완화를 위해 식사 때마다 챙겨먹인다

피부 미백 효과로 널리 알려져 있는 비타민C는 여러 가지 작용을 합니다. 콜라겐 생성에 반드시 필요하며 근육과 피부, 뼈와 치아를 튼튼하게 만듭니다. 면역 기능을 도와서 세균이나 바이러스의 침입을 막고 감염증을 예방합니다.

또 스트레스가 쌓이면 완화하는 데 사용됩니다. 스트레스에 대한 저항력을 높이기 위해서라도 비타민C를 자주 섭취시키면 좋습니다.

비타민C의 항암 작용을 주목할 만한데, 체내에 있는 발암성 물질이 합성이 되고 세포에 침입하는 것을 막는 효과가 있다고 합니다.

비타민C를 섭취해도 두세 시간이 지나면 배출되므로 식사 때마다 넣어주세요.

부족하거나 과다 섭취하면?

부족하면 상처가 잘 낫지 않고 뼈가 부러지기 쉬우며, 성장 장애도 나타납니다. 병원체에 대한 저항력이 약해져서 감염증에도 쉽게 걸립니다. 수용성이므로 과잉증은 없지만 요로결석이나 신장결석이 생긴다는 설도 있으니 적절량을 먹이는 것이 좋습니다.

튼튼한 뼈를 형성하는 필수 비타민

비타민D

비타민D가 풍부한 식품

연어, 꽁치, 전갱이, 뱅어포, 말린 표고버섯, 목이버섯, 잎새버섯

칼슘 흡수를 촉진해서 뼈를 형성한다

식물성인 비타민D2와 동물성인 비타민D3가 있으며, 비타민D3는 태양의 자외선을 받으면 체내에서 합성할 수 있습니다. 하지만 개는 체내 합성량이 적어서 음식으로 섭취시켜야 합니다.

가장 중요한 작용은 칼슘과 인의 흡수를 촉진해서 뼈와 치아에 침착시키는 것입니다. 성장기에는 튼튼한 뼈를 형성하기 위해 반드시 섭취시켜야 하는 영양소입니다.

또 혈중 칼슘 농도를 일정하게 유지합니다. 칼슘이 충분히 공급되어 비타민D가 정상적으로 기능하면 뼈와 치아를 건강하게 유지할 수 있을 뿐만 아니라 스트레스를 해소하고 정신 안정에도 도움이 됩니다.

부족하거나 과다 섭취하면?

부족하면 뼈가 휘는 등 뼈에 이상이 나타나며 발육이 느려집니다. 과다 섭취하면 칼슘의 이상 침착으로 고칼슘혈증을 일으킵니다. 구토, 설사 등으로 체중이 감소합니다.

강력한 항산화 작용으로 노화를 방지한다

비타민E

비타민E가 풍부한 식품

정어리, 마래미(방어의 새끼), 황새치, 식물성 기름, 호박, 멜로키아, 아몬드

 암이나 동맥경화 예방에도 효력을 발휘한다

비타민E는 노화 방지 효과가 있습니다. 노화의 원인 중 하나인 활성산소는 세포막의 지질이 변화한 과산화지질입니다. 비타민E는 과산화지질의 생성을 막아 노화를 방지합니다. 지질을 산화시키기 전의 활성산소와 결합해서, 강력한 항산화 작용으로 활성산소를 무해하게 만들지요.

암세포에서 과산화지질의 합성이 빈번하게 이루어지므로 항암 작용도 있다고 볼 수 있습니다.

또한 비타민E는 혈액순환을 좋게 하는 효과가 있으며 혈중 콜레스테롤의 산화를 막아 동맥경화를 예방합니다.

부족하거나 과다 섭취하면?

부족하면 빈혈을 일으키거나 동맥경화를 초래합니다. 증상으로는 식욕 부진, 근육 위축, 피부염도 생깁니다. 과다 섭취해도 독성이 낮아 부작용이 없다고 알려져 있지만 골다공증의 위험이 있다고도 합니다.

혈액을 건강하게 유지하고 뼈를 강화한다

비타민K

비타민K가 풍부한 식품

소송채, 시금치, 멜로키아, 순무청, 양배추, 낫토, 미역

 출혈을 일으켰을 때 혈액 응고를 돕는다

비타민K는 주로 녹황색 채소에 함유된 비타민K1과 체내에서 미생물이 만드는 비타민K2가 있습니다. 그 밖에 첨가물로 합성된 비타민K3가 있습니다.

혈액 응고와 관련이 깊은 비타민으로, 출혈을 일으켰을 때 피를 멎게 하는 중요한 역할을 합니다. 한편 혈관 내에서 혈액 응고를 억제하고 혈전을 예방하는 데도 효과적입니다. 이렇게 혈액 응고를 촉진하거나 억제해서 혈액을 정상 상태로 유지합니다. 또한 뼈를 튼튼하게 형성하는 데도 효과를 발휘합니다. 칼슘이 뼈에 침착할 때 필요한 단백질을 활성화시켜 뼈에서 칼슘이 배출되는 것을 방지합니다.

 부족하거나 과다 섭취하면?

부족하면 출혈을 쉽게 일으키고 지혈에 시간이 걸립니다. 또한 칼슘 대사가 악화되어 뼈가 약해집니다. 일반적인 식사에서 과잉증에 걸릴 염려는 없습니다.

당질대사를 돕고 피로를 해소한다

비타민B1

비타민B1이 풍부한 식품

돼지고기, 닭 간, 연어, 장어, 명란젓, 현미, 콩, 강낭콩

정신 안정 효과도 있는 피로 해소 비타민

비타민B1은 당질을 분해해서 에너지로 바꾸는 것을 돕는 중요한 역할을 합니다.

쌀 등의 당질을 아무리 많이 섭취해도 비타민B1이 부족하면 에너지로 사용할 수 없습니다. 당질대사가 멈추면 젖산 등의 피로물질이 축적되어 몸이 나른하고 쉽게 피로해지며 신경도 정상적으로 움직이지 않습니다. 당질은 뇌의 유일한 에너지원이기 때문에 당질이 부족하면 몸과 마음이 제 기능을 못합니다.

비타민B1은 '피로 해소 비타민'이라고 불리기도 하며 피로 해소에 중요한 성분입니다. 운동한 후처럼 에너지 소비가 많을 때 음식에 비타민B1이 풍부한 식재료를 적극적으로 넣어주세요.

부족하거나 과다 섭취하면?

부족하면 온몸에 피로를 느끼며 다리 저림 및 부종 증상이 나타납니다. 식욕이 감퇴해서 체중이 감소하거나 발육이 느려집니다. 수용성이므로 과잉증은 없습니다.

피부를 보호하고 성장을 돕는다

비타민B2

비타민B2가 풍부한 식품

간, 장어, 꽁치, 정어리, 고등어, 달걀, 낫토, 요구르트, 김

세포 재생과 발육을 촉진하는 비타민

비타민B2는 세포 재생을 촉진하는 중요한 작용을 합니다. 비타민A와 함께 피부와 점막을 건강하게 유지하고 상처 회복에도 좋습니다.

또 체내 에너지 생산에 깊이 관여해서 당질, 지질, 단백질을 에너지로 바꾸는 작용을 돕습니다.

성장에 필수적인 영양소이고 호르몬 조절 작용도 있어서 '발육 촉진 비타민'이라고 부릅니다. 임신 중이나 성장기에는 특히 적극적으로 섭취시켜야 합니다.

또한 체내에 유해한 과산화지질을 분해합니다. 항산화효소의 보조 효소로 기능해서 생활습관병과 암을 예방하는 효과가 있습니다.

부족하거나 과다 섭취하면?

부족하면 피부나 점막에 문제가 생겨서 살이 짓무르거나 털이 빠집니다. 식욕 부진으로 성장 저하와 체중 감소 등의 전신 증상도 나타납니다. 수용성이므로 과잉증은 없습니다.

대사를 촉진하고 뇌신경에 관여한다

나이아신

나이아신이 풍부한 식품

간, 돼지고기, 닭고기, 전갱이, 가다랑어, 참치, 정어리, 현미, 땅콩

철분 결핍으로 나이아신도 부족해진다

비타민B군의 일종인 나이아신은 주로 육류나 생선 등의 동물성 식품과 콩류, 견과류에 풍부합니다.

체내에서 에너지원이 되는 당질과 지질의 대사를 촉진하는 보조 효소로 기능합니다. 또한 피부와 점막을 강화하는 데도 유용하며, 뇌의 신경전달물질 생성에 필수적인 요소로 뇌신경의 기능을 돕습니다.

필수 아미노산의 일종인 트립토판이 간에서 대사를 통해 나이아신으로 합성되는데, 그것만으로는 필요한 양을 충족할 수 없습니다. 철은 트립토판을 나이아신으로 바꾸기 위해 필요하기 때문에 철이 결핍되면 나이아신이 부족해질 가능성이 있습니다.

부족하거나 과다 섭취하면?

부족하면 피부염 및 구내염, 설사를 일으키며 지각 장애가 나타납니다. 일반적인 식사에서 과잉증이 일어나지 않지만, 지나치게 섭취하면 구토나 설사, 부정맥 등을 일으킵니다.

부신을 자극해서 스트레스를 완화한다

판토텐산

판토텐산이 풍부한 식품

간, 연어, 꽁치, 장어, 낫토, 멜로키아, 말린 표고버섯

면역력을 높이는 항체 생성을 촉진한다

그리스어의 '모든 곳으로부터(from every side)'라는 뜻을 가진 판토텐산은 이름 그대로 거의 모든 음식에 함유되어 있습니다. 지질, 당질, 단백질로 에너지를 생성할 때 필수적인 보조 효소의 주성분이 되기 때문에 모든 조직에 필요한 비타민입니다. 스트레스에 대한 저항력을 키우기 위해서도 필요합니다. 판토텐산은 부신 기능을 자극해서 스트레스 완화 효과가 있는 부신피질 호르몬의 생성을 촉진합니다.

면역 항체를 합성해서 면역력을 높이거나 신경전달물질의 합성에도 관여합니다. 판토텐산은 장내 세균에 의해 합성되므로 일반적인 식사로는 결핍증이 생기지 않습니다.

부족하거나 과다 섭취하면?

결핍되기 쉽지 않지만 부족하면 쉽게 피로해지고 피부염과 탈모가 생깁니다. 식욕이 감퇴하고, 면역력이 떨어져 감염증에도 걸리기 쉬워집니다. 수용성이므로 과잉증은 없습니다.

단백질과 지질의 대사를 촉진한다

비타민B6

비타민B6가 풍부한 식품

간, 달걀, 닭고기, 연어, 참치, 정어리, 고구마, 바나나, 참깨

간에 지방이 축적되지 못하게 막는다

비타민B6는 단백질을 생성하거나 분해하는 데 반드시 필요합니다. 육류나 생선 등 단백질을 많이 섭취할수록 필요량이 많아집니다.

지질대사에도 깊이 관여합니다. 간에 지방이 축적되는 것을 억제하는 작용도 있어 지방간 예방에 좋습니다. 또한 신경전달물질인 도파민과 가바(감마아미노낙산) 등의 생성도 돕습니다.

비타민B6는 장내 세균으로 합성할 수 있으므로 일반적인 식사로 부족할 일은 없습니다. 하지만 비타민B6가 활성형 비타민이 되려면 비타민B2가 필요합니다. 비타민B2가 풍부한 식품과 함께 섭취시키는 것이 효과적입니다.

부족하거나 과다 섭취하면?

부족하면 피부염과 빈혈, 식욕 부진으로 발육이 느려집니다. 일반적인 식사로는 과잉증이 일어나지 않지만, 대량 섭취하면 운동 장애를 일으켜서 평형 감각을 상실합니다.

세포 생성과 조혈 작용에 반드시 필요하다

엽산

엽산이 풍부한 식품

간, 시금치, 멜로키아, 브로콜리, 아스파라거스, 풋콩

DNA 합성에 관여해 임신 중일 때 많이 필요하다

보조 효소로서 체내의 다양한 반응에 도움이 되는 비타민입니다. 적혈구 합성을 도와서 '조혈 비타민'이라고도 하며 빈혈을 예방합니다.

유전자 물질의 DNA 합성에도 중요한 역할을 합니다. 부족하면 세포의 정상적인 생성을 저해해서 성장이 느려집니다. 엽산의 소모가 심한 임신 중에는 더욱 필요하지요. 새끼의 선천성 장애를 예방하기 위해 엽산이 풍부한 녹색 채소 등을 적극적으로 섭취시킵시다.

또한 엽산은 동맥경화를 억제합니다. 간에서 동맥경화의 원인이 되는 물질을 필수 아미노산인 메티오닌으로 변화시키기 때문입니다. 동맥경화는 물론 생활습관병을 방지합니다.

부족하거나 과다 섭취하면?

부족하면 쉽게 피로해지고 피부염과 위궤양을 일으킵니다. 또한 백혈구가 감소해서 악성 빈혈이 생깁니다. 수용성이므로 과잉증은 없습니다.

적혈구를 합성해서 빈혈을 예방한다

비타민B12

비타민B12가 풍부한 식품

간, 돼지고기, 달걀, 정어리, 꽁치, 고등어, 바지락, 재첩, 굴, 김

엽산과 함께 DNA 생성을 촉진한다

비타민B12는 비타민B군의 엽산과 힘을 합쳐서 적혈구 속에 있는 헤모글로빈의 합성을 돕고 빈혈을 예방합니다.

유전 정보를 담당하는 DNA와 RNA를 생성하는 엽산을 보조합니다. 세포 증식과 단백질 합성에도 빠뜨릴 수 없는 비타민입니다. 중추 신경과 뇌의 기능을 유지하는 데도 도움이 됩니다.

비타민B12의 필요량은 매우 적은데 장내 세균에 의해서도 합성되기 때문에 일반적인 식생활로 결핍증에 걸릴 우려는 없습니다. 단, 비타민B12는 위 점막에서 분비되는 단백질의 일종과 결합해서 흡수되므로 위에 장애가 있을 때는 별도로 섭취시켜야 합니다.

부족하거나 과다 섭취하면?

부족하면 엽산의 기능이 저하되며 조혈 작용이 순조롭지 못해서 빈혈을 일으킵니다. 온몸이 나른하고 식욕이 부진해지며 발육 장애가 나타납니다. 수용성이므로 과잉증은 없습니다.

피부 건강을 유지하고 탈모를 예방한다

비오틴

비오틴이 풍부한 식품

간, 닭고기, 달걀, 연어, 정어리, 콩가루, 요구르트, 땅콩

알레르기와 아토피 억제 효과로 주목을 받고 있다

비오틴은 피부염을 치료하는 요소로 독일에서 발견되었는데, 독일어로 피부의 이니셜이 H라서 비타민H라고 불리기도 합니다.

비오틴은 피부의 건강을 유지하기 위해 필수적인 비타민입니다. 탈모 방지와 손발톱 강화에 효과적입니다. 알레르기를 일으키는 화학물질 히스타민의 원료인 히스티딘을 제거하는 기능이 있어 아토피 피부염과 알레르기를 억제하는 효과로 주목을 받고 있습니다.

비오틴은 많은 음식에 함유되어 있으므로 일반적인 식사로 결핍증이 생기지는 않습니다. 하지만 날달걀 흰자의 아비딘이라는 효소가 비오틴 결핍을 만들기 때문에 주의해야 합니다. 가열 조리해서 섭취시킵시다.

부족하거나 과다 섭취하면?

부족하면 식욕 부진이 나타나며 성장 장애를 일으킵니다. 피부염이나 관절염 같은 증상 외에도 털이 얇아지거나 색도 바뀌는 등 제멋대로 자라는 것도 비오틴 결핍일 가능성이 있습니다. 수용성이므로 과잉증은 없습니다.

동맥경화 및 지방간 예방에 효과적이다

콜린

콜린이 풍부한 식품

간, 소고기, 돼지고기, 콩, 두부, 달걀, 고구마, 옥수수

신경전달물질을 생성하며 많은 양이 필요하다

콜린은 세포막과 신경 조직의 원료인 레시틴과 신경전달물질인 아세틸콜린의 구성 성분입니다.

레시틴은 콜레스테롤 침착을 억제하고, 아세틸콜린은 혈액순환을 좋게 합니다. 그래서 이것들을 구성하는 성분인 콜린을 섭취하면 동맥경화와 지방간을 예방할 수 있는 것이지요.

콜린은 비타민B군으로 분류되지만 다른 B군처럼 대사를 촉진하는 효소를 돕는 역할은 하지 않습니다. 많은 양이 필요하기도 해서 보통 B군과 따로 취급합니다. 체내에서 합성이 되지만 그만큼 필요한 양도 많기 때문에 식사로 보충해줘야 합니다.

부족하거나 과다 섭취하면?

부족하면 신경전달물질이 감소하기 때문에 신경 장애가 일어나기 쉽습니다. 성장 부진이 나타나며 지방간이나 신부전 등도 생깁니다. 수용성이므로 과잉증은 없습니다.

뼈와 치아를 만들고 정신 건강에 좋다

칼슘

칼슘이 풍부한 식품

말린 멸치, 전갱이, 낫토, 두부, 소송채, 톳, 미역, 다시마, 치즈

중요한 생리 기능을 조절하는 데 깊이 관여한다

칼슘은 체내에 가장 많이 존재하는 미네랄로, 뼈와 치아를 형성하고 몸을 유지하는 중요한 역할을 합니다.

그 밖에도 근육 수축을 비롯해서 세포 증식과 혈액 응고, 호르몬 분비 등 다양한 생리 기능을 조절합니다.

세포 간의 정보를 전달하는 작용도 합니다. 결핍되면 뼈와 치아뿐만 아니라 뇌와 신경까지 악영향을 끼칩니다. 따라서 칼슘을 공급하면 초조함을 해소하는 데 도움이 됩니다.

칼슘의 흡수율은 인과 마그네슘과 관련이 깊습니다. 칼슘과 마그네슘, 인을 1~2 : 1 : 1 비율로 섭취시키는 것이 효과적입니다.

부족하거나 과다 섭취하면?

부족하면 뼈가 약해져서 부러지기 쉬우며, 신경이 예민해지는 등 정신적으로도 영향을 줍니다. 과다 섭취하면 구토와 복통, 설사 등 고칼슘혈증을 일으킵니다.

뼈를 형성하고 신경 전달을 돕는다

인

인이 풍부한 식품

달걀, 가다랑어가루, 콩, 두부, 김, 다시마, 요구르트, 우유

식품첨가물을 통한 과다 섭취에 주의한다

칼슘 다음으로 체내에 많은 미네랄이 바로 인입니다. 칼슘과 마찬가지로 튼튼하고 건강한 뼈와 치아를 만들기 위해 반드시 필요한 미네랄입니다.

DNA와 RNA 성분이 되는 핵산의 생성에도 깊은 관계가 있으며, 동시에 세포막을 구성하는 성분이 됩니다. 그 밖에 당질, 지질, 단백질 대사를 촉진하는 효과도 있습니다. 체액에 함유된 인산염은 pH 수치를 일정하게 유지해서 삼투압을 조절하고 신경 전달을 돕습니다.

인은 가공식품 대부분에 첨가물로 사용되기 때문에 과다 섭취하기 쉽습니다. 섭취시킬 때는 칼슘과 균형을 잘 따져야 합니다.

부족하거나 과다 섭취하면?

부족하면 뼈의 성장이 저해되어 성장기에는 발육이 느려지며, 허약해져서 번식력도 저하됩니다. 과다 섭취하면 칼슘의 흡수율이 떨어지고 뼈와 치아가 약해져서 신장 질환을 일으킵니다.

뼈를 구성하는 성분이며 혈압을 조절한다

마그네슘

마그네슘이 풍부한 식품

시금치, 콩, 낫토, 팥, 톳, 아몬드, 땅콩

효소 활성화를 촉진하며 항스트레스 효과도 있다

마그네슘의 절반 이상은 골격 안에 저장되어 있습니다. 뼈와 치아를 구성하는 중요한 성분이지요.

온몸의 세포 안에 있는 마그네슘은 체내의 미네랄 균형을 조절하거나 혈압과 체온을 유지합니다. 효소를 활발하게 해서 효소 반응으로 당질이나 단백질 대사를 촉진합니다. 항스트레스 작용도 있어서 신경의 흥분을 억제하거나 혈압을 낮추는 효과도 있습니다.

마그네슘을 섭취시킬 때는 칼슘과 균형이 중요한데 칼슘 양의 절반 정도를 섭취시키는 것이 좋습니다. 칼슘과 마찬가지로 인을 과다 섭취하면 마그네슘의 흡수가 나빠지므로 주의해야 합니다.

부족하거나 과다 섭취하면?

부족하면 부정맥을 일으켜서 심장병에 걸릴 위험이 높아집니다. 또한 정신이 불안정해지며 체중이 감소합니다. 과다 섭취하면 구역질과 설사 등 고마그네슘혈증을 일으킵니다.

체내 pH 균형을 유지한다

칼륨

칼륨이 풍부한 식품

녹색 채소, 토마토, 고구마, 참마, 낫토, 강낭콩, 사과, 해조류

지나치게 섭취한 염분을 배출해서 고혈압을 예방한다

세포 내 액에 함유된 칼륨은 세포 외 액에 풍부한 나트륨과 하나가 되어 세포 내의 pH와 침투압을 유지하는 작용을 합니다.

세포 내에 나트륨이 증가하면 균형을 유지하는 기능이 작용하기 시작합니다. 나트륨과 세포 외의 칼륨을 변환해서 나트륨 증가를 억제하는 것입니다. 이때 칼륨이 부족하면 나트륨을 배출하지 못하고 세포 내에 나트륨이 지나치게 많아져서 고혈압을 일으킵니다.

따라서 염분이 많은 음식을 먹였을 때는 칼륨도 많이 섭취시켜야 합니다. 칼륨은 조리에 따른 손실이 커서 부족하기 쉬우므로 충분한 양을 섭취시킵시다.

부족하거나 과다 섭취하면?

부족하면 설사나 구토 등 저칼륨혈증을 일으킵니다. 심장병을 일으킬 위험도 높아집니다. 일반적인 식생활에서 과다 섭취할 염려는 없습니다.

헤모글로빈을 구성하는 성분으로 반드시 필요하다

철

철이 풍부한 식품

간, 정어리, 가다랑어, 바지락, 돼지고기, 녹색 채소, 낫토, 톳, 말린 멸치

효과적으로 섭취시켜서 빈혈을 예방한다

적혈구의 헤모글로빈을 구성하는 철은 기능철, 간과 근육 등에 축적되는 철은 저장철이라고 불립니다. 기능철은 산소를 온몸의 조직으로 운반하는 중요한 역할을 담당하기 때문에, 철이 부족하면 몸이 산소 결핍 상태에 빠지고 빈혈 증상이 나타납니다. 기능철이 부족하게 되면 저장철이 빠르게 보충되어 빈혈을 예방합니다.

식품 속에 들어 있는 철은 헴철과 비헴철로 분류됩니다. 주로 육류에 함유된 헴철은 흡수율이 높으나 식물성 식품에 많은 비헴철은 5% 정도만 흡수됩니다.

비타민C는 철의 흡수율을 높이는 효과가 있으므로 비타민C가 풍부한 채소나 과일을 함께 먹이면 철을 효과적으로 섭취시킬 수 있습니다.

부족하거나 과다 섭취하면?

부족하면 쉽게 피로해지며 빈혈을 일으킵니다. 면역력이 떨어져 감염증에도 걸리기 쉬워집니다. 과다 섭취하면 구토나 두통 등 급성 중독 증상이 나타납니다.

피부를 건강하게 유지하고 발육을 촉진한다

아연

아연이 풍부한 식품

간, 소고기, 돼지고기, 달걀, 장어, 바지락, 콩, 낫토, 김, 참깨

피부와 세포 생성에 꼭 필요하다

온몸의 조직에 널리 분포하는 아연은 특히 피부나 털에 많이 있습니다. 그래서 아연이 결핍되면 가장 먼저 피부에 이상 증상이 나타납니다.

또 아연은 효소 대부분을 활성화하는 작용을 합니다. 단백질이나 당질의 대사, 호르몬 분비, 면역 기능 유지에 관여하며 생명 활동의 근간을 뒷받침합니다.

특히 세포 생성에 빠뜨릴 수 없는 요소입니다. 아연과 단백질이 결합해서 세포 분열해 발육을 촉진하고, 피부와 미각 세포를 정상으로 유지합니다. 부족하면 미각 장애를 일으킬 수 있습니다. DNA 합성에도 관여하므로 아연은 유전 정보를 전달하는 데도 반드시 필요합니다.

부족하거나 과다 섭취하면?

부족하면 피부에 이상이 나타나며 감염증에 걸리기 쉬워집니다. 성장기에는 발육 부전이 나타납니다. 일반적인 식생활에서 과다 섭취할 염려는 없습니다.

헤모글로빈 생성을 돕는다

구리

구리가 풍부한 식품

간, 재첩, 새우, 두부, 낫토, 누에콩, 버섯, 캐슈너트

항산화효소로 변해서 생활습관병을 예방한다

구리는 철과 관계가 깊습니다. 적혈구 속의 헤모글로빈이 산소와 결합하려면 철이 반드시 필요한데, 그때 구리도 있어야 철을 원활하게 보낼 수 있습니다. 구리는 저장되어 있는 철을 헤모글로빈으로 흡수하는 작용을 돕습니다. 따라서 철이 충분히 있어도 구리가 부족하면 철분 결핍과 마찬가지로 빈혈이 생깁니다.

또 구리는 많은 효소의 성분으로, 콜라겐 등에서는 단백질 생성을 돕는 효소입니다. 피부와 뼈를 튼튼하게 하는 데 도움이 됩니다.

그 밖에도 아연이나 망간과 함께 항산화효소 SOD(과산화물을 분해하는 효소)를 만드는 기능이 주목을 받고 있습니다. 활성산소를 제거해서 노화와 생활습관병도 예방합니다.

부족하거나 과다 섭취하면?

부족하면 쉽게 피로해지며 빈혈을 일으킵니다. 성장기에는 뼈가 약해지는 등 성장 장애가 나타납니다. 일반적인 식생활에서 과다 섭취할 염려는 없습니다.

효소를 활성화해서 항산화 작용을 한다

망간

망간이 풍부한 식품

달걀, 재첩, 낫토, 헤이즐넛, 멜로키아, 현미, 김, 생강

성장과 번식을 위해 반드시 필요한 미네랄

망간은 주로 보조 효소로서 효소 대부분을 활성하는 작용을 합니다. 당질, 지질, 단백질의 생성에 관여하며 에너지 생산에도 도움이 됩니다.

특히 뼈의 형성에 반드시 필요한 미네랄로, 부족하면 발육이 더디게 됩니다. 연골 합성에 필요한 효소의 성분이기도 합니다. 또 성호르몬 분비에도 관여하기 때문에 부족하면 생식 기능에 장애가 일어나서 번식 능력이 저하됩니다.

체내의 항산화 작용을 담당하는 효소인 SOD의 구성 성분으로도 널리 알려져 있습니다. 과산화물질의 생성을 억제해서 노화와 생활습관병을 예방합니다.

부족하거나 과다 섭취하면?

부족하면 뼈와 연골이 약해져서 발육 부전이 나타납니다. 생활습관병에 걸릴 위험도 높아집니다. 일반적인 식생활에서 과다 섭취할 염려는 없습니다.

중요한 갑상샘 호르몬의 원료

아이오딘

아이오딘이 풍부한 식품

정어리, 고등어, 가다랑어, 방어, 대구, 미역, 톳, 다시마, 김

피부를 건강하게 유지하고 다이어트 효과도 있다

체내의 아이오딘(요오드)은 대부분 목 아래에 있는 갑상샘에 존재합니다. 갑상샘 안에서 아이오딘을 원료로 갑상샘 호르몬이 만들어집니다.

갑상샘 호르몬은 세포의 산소 소비량을 조절해서 에너지 생산과 뇌 기능을 돕고 기초대사를 촉진합니다. 성장과 생식, 근육의 기능에도 중요한 역할을 합니다. 아이오딘이 결핍되면 필요한 아이오딘을 흡수하려고 갑상샘이 비대해져서 결핍증인 갑상샘종을 일으킵니다.

그 밖에도 아이오딘은 체온을 유지하고 호흡을 활발하게 하며 피부를 건강하게 유지하는 등 많은 작용에 관여합니다. 또한 콜레스테롤 축적을 막는 다이어트 효과로도 주목받고 있습니다.

부족하거나 과다 섭취하면?

부족하면 갑상샘종에 걸립니다. 쉽게 피로해지며 탈모와 빈혈, 부종 같은 증상이 나타납니다. 과다 섭취해도 결핍된 경우와 마찬가지로 갑상샘종을 일으킵니다.

항산화 작용으로 세포의 산화를 방지한다

셀레늄

셀레늄이 풍부한 식품

달걀, 닭고기, 정어리, 가다랑어, 가자미, 전갱이, 대구, 미역, 다시마, 현미

암을 억제하는 항산화 효소의 주성분

셀레늄은 활성산소를 분해해서 몸을 산화로부터 보호하는 작용을 합니다.

중성 지방 등의 지질은 활성산소에 의해 산화되면 유해한 과산화지질로 변하는데, 이것을 글루타티온이라고 하는 물질이 해독합니다. 항산화효소 글루타티온 페록시데이스는 이 글루타티온과 과산화지질을 끌어당겨서 유해물질을 없앱니다. 글루타티온 페록시데이스의 주성분이 바로 셀레늄입니다.

글루타티온 페록시데이스는 강한 항산화력을 나타내며 세포막의 산화를 방지합니다. 가장 유독한 활성산소라고 하는 수산기(하이드록시 라디칼)를 제거하는 작용도 있어서 암을 방지합니다.

그 밖에도 셀레늄은 수많은 난치병에 대한 유효성을 기대하며 연구되고 있습니다.

부족하거나 과다 섭취하면?

부족하면 탈모가 생기고 노화 현상이 나타나며 번식력이 저하됩니다. 과다 섭취하면 발톱이 물러지고 털이 빠집니다. 구토나 설사 등 소화 기관에도 악영향을 끼칩니다.

개에게 먹이면 안 되는 음식

조금만 조심하면 안심할 수 있다

→ 개는 잡식성이라서 뭐든지 먹을 수 있지만, 주지 않는 편이 나은 식품도 있습니다. 작은 관심이 건강을 지킵니다.

Q 개가 향신료를 먹으면 후각 마비가 오나요?

A 후각이 강한 개는 향신료처럼 향이 강한 음식을 좋아하지 않습니다. 물론 아무렇지 않은 개도 많지만, 예민한 개는 향신료로 위가 자극을 받아서 설사할 수 있습니다.

약효가 있는 허브 등을 음식에 넣을 때는 개가 향을 싫어하지 않는지 확인한 뒤에 넣기 바랍니다. 개가 싫어하지 않을 정도의 분량은 먹여도 괜찮습니다.

Q 초콜렛이나 과자를 먹었을 때 괜찮았어요. 줘도 되는 것 아닌가요?

A 개는 원래 단것을 좋아하기 때문에 과자를 주면 좋아하며 먹습니다. 그러나

사람과 마찬가지로 당분이 많은 음식을 계속해서 먹이면 비만으로 이어져서 생활습관병으로 발전할 수 있습니다. 간식으로 단맛이 나는 채소 등을 주고 과자는 되도록 먹이지 마세요. 하지만 초콜렛은 주면 안 됩니다. 초콜릿에 함유된 테오브로민이 심장이나 중추신경계를 자극해서 심한 경우에는 쇼크 증상이 나타날 수 있습니다.

Q 말린 오징어 냄새를 좋아하던데 먹여도 괜찮을까요?

A 오징어, 문어, 게, 새우 등의 갑각류는 설사를 일으킬 수 있습니다. 먹고 괴로워할 때는 동물병원에 데려가야 하지만, 한두 번 설사만 했다면 크게 걱정할 필요는 없습니다. 소화가 잘되지 않았다는 정도로 받아들이세요.

타우린 등의 유효성분을 함유하는 이 식품들은 체질 개선에도 도움이 됩니다. 잘게 다져서 푹 끓이거나 정성껏 먹이면 큰 문제는 없습니다. 하지만 '생' 오징어나 문어는 소화시키지 못해서 소화기관을 다치게 할 수 있습니다.

Q 개가 마늘을 먹으면 위험한가요?

A 많이 먹이지만 않으면 괜찮습니다. 대파나 양파, 실파, 생강, 부추, 염교, 마늘 등의 파 종류에는 알릴 디설파이드라고 하는 적혈구를 파괴하는 성분이 함유되어 있습니다. 그래서 파 종류를 먹으면 혈뇨가 나오게 되고 빈혈을 일으킵니다. 이것이

'양파 중독'이라고 불리는 증상입니다.

하지만 개마다 차이가 있어서 먹어도 아무렇지 않은 개도 많습니다. 설령 깜박하고 먹였더라도 날마다 대량으로 섭취시키지 않는 한 그만 먹이면 증상이 가라앉습니다. 만일 빈혈 증상이 지속되면 지체 없이 동물병원으로 데려가세요.

Q

칼슘 보충을 위해서 뼈를 줘도 되나요?

A 개에 따라서 크기를 알맞게 주면 괜찮습니다. 하지만 가열한 동물의 뼈나 생선의 단단한 가시는 소화기를 찌를 가능성이 있습니다. 떡을 삼키다가 목에 걸리는 사람이 있듯이 뼈에 찔리는 개도 있습니다. 그렇게 되면 수술을 해서 제거하는 방법밖에 없습니다. 딱딱한 뼈를 갉아먹다가 치아가 부러져서 괴로워하는 개도 꽤 많습니다.

칼슘 공급원은 뼈 외에도 해조류나 채소 등 여러 가지가 있으니 다른 재료로 바꿔서 주세요. 만일 뼈를 주고 싶다면 압력솥에 넣고 부드러워질 때까지 끓이고 난 뒤에 먹입시다.

Q

어떤 음식을 조심해야 할까요?

A 날달걀의 흰자, 감자 싹, 카페인이 든 음료 등이 있습니다. 날달걀의 흰자에 함유된 아비딘이라고 하는 성분은 비타민의 일종인 비오틴의 흡수를 저해합니다.

오랫동안 대량으로 섭취하면 쉽게 지치고 식욕 부진이 생기며 피부염을 일으키기도 합니다. 달걀흰자는 반드시 익혀서 먹입시다.

감자의 싹에는 솔라닌이라고 하는 중독을 일으키는 물질이 함유되어 있습니다. 싹이 나면 바로 버려서 실수로 개가 먹는 일이 생기지 않도록 주의하세요.

카페인은 부정맥을 일으킬 수 있습니다. 커피나 홍차, 녹차는 마시지 못하게 하는 편이 좋습니다.

건강보조식품에 관해서

수제 음식과 함께 먹이면 더 효과적일까?

→ 건강보조식품으로 부족한 영양을 보충하는 사람은 많습니다. 그렇다면 애견도 수제 음식과 건강보조식품을 함께 먹으면 효과가 있을까요?

개도 건강보조식품이 필요할까?

혹시 애견이 채소나 해조류를 안 먹거나 싫어하지 않나요? 그럴 때는 건강보조식품을 사용해도 좋습니다. 하지만 당질, 지질, 단백질은 평소 먹는 음식으로도 충분히 섭취시킬 수 있기 때문에 부족하다고 보기 어렵습니다. 건강보조식품으로는 비타민과 미네랄 성분만 보충한다고 생각하세요.

또 병에 잘 걸리거나 면역력이 약한 개라면 먼저 수의사와 상담하세요. 애견의 다양한 몸 상태에 따른 건강보조식품이 나오고 있으므로 상태에 맞춰서 먹이는 것이 좋습니다.

사람용과 동물용은 따로 있다?

동물용 건강보조식품도 시중에서 판매하고 있기는 하지만 개에게 사람이 먹는 영양제를 주면 안 될 이유는 없습니다. 사람용으로 나온 건강보조식품의 품질이 높은 것은 당연하지만, 성분이 안전하고 품질만 확실하다면 어느 쪽을 사용해도 괜찮습니다. 그러나 사람이 먹는 건강보조식품을 이용할 때는 분량에 주의하세요. 과다 섭취하면 문제를 일으키는 영양소가 있을 수 있기 때문에 체중에 맞춰 먹이는 것이 중요합니다.

특히 종합 영양제는 다양한 비타민과 무기질을 포함해 좋다고 하지만 애견에게는 필요한 영양소만 챙겨주는 것이 훨씬 안전합니다. 많은 제품 중에서 애견이 지닌 알레르기 성분은 피하면서 부족한 영양소는 보충해주는 영양제를 찾아보세요.

경험이 풍부한 수의사의 지도를 받아 사용하자

건강보조식품 중에는 첨가물이 많이 들어 있는 제품도 있습니다. 어떤 성분이 있는지 일일이 확인해보는 것도 어렵습니다. 또 많은 첨가물 중에 애견에게 맞지 않는 성분이 있을 수도 있지요.

건강보조식품을 사용할 때는 제대로 된 섭취 방법을 조언할 수 있는 경험이 풍부한 수의사의 지도를 받도록 합시다.

간혹 같은 성분이 들어 있는 건강보조식품을 몇 개씩 같이 먹이는 경우가 있습니다. 혹시 애견의 눈이 나쁘다고 해서 눈에 좋은 블루베리, 루테인, 블랙커런트를 있는 대로 자주 주지 않나요? 설령 몸에는 나쁜 영향을 주지 않더라도 아무런 효과가 없습니다.

이렇듯 증상 완화에만 신경 써서 완화에 효과 있는 것만 먹이는 행동은 의미가 없습니다. 원인을 해결해야 건강해질 수 있습니다.

영양 보충뿐만 아니라 배설을 촉진시키겠다는 관점을 갖자

눈이 나쁜 애견에게 눈에 좋은 건강보조식품을 먹였는데도 영 효과를 보지 못했나요? 그렇다면 원인은 눈이 아니라 간에 생긴 병 때문일 수 있습니다. 간 질환의 증상이 눈에 나타나는 것일 수도 있기 때문이지요. 원인을 찾기 전에 지금 당장 눈에 보이는 증상만 없애려고 건강보조식품, 약 등을 먹이는 반려인이 많습니다.

예를 들어 배설 불량이 주원인인 질병이라면 디톡스나 배설을 원활하게 하는 효과가 있는 건강보조식품을 찾아보면 좋겠지요. 한약재나 허브 등 배설을 촉진하는 방법은 여러 가지가 있습니다. 하지만 안타깝게도 많은 반려인이 잘 몰라서, 어디서부터 찾아야 할지 몰라서 병원에 의존하곤 합니다.

한편 생활습관병은 과다 섭취로 생기는 병이기 때문에 배설을 촉진하는 건강보조식품이 매우 효과적으로 작용합니다. 건강보조식품을 지혜롭게 사용한다면 제대로 효과를 볼 수 있습니다.

우선 '증상을 없애자'는 생각을 과감히 버립시다. 왜 그 증상이 나타났는지 근본적인 원인을 따져보면 영양이 부족해서가 아니라 배설에 문제가 있는 경우가 허다합니다. 배설이 잘되지 않는 상태에서 영양을 아무리 공급해봤자 효과는 없습니다. 배설을 촉진시키겠다는 관점으로 건강보조식품을 선택하기 바랍니다.

끝마치며

사람뿐만 아니라 개도 몸에 이상이 생기면 건강한 상태로 돌아가려고 합니다. 증상은 어쩔 수 없는 결과가 아닙니다. 몸이 자기 치유력을 발휘해서 '흐트러진 균형'을 바로잡으려고 하는 과정입니다. 증상을 무서워할 필요는 없으며 균형을 원상태로 되돌리면 회복할 수 있습니다.

수제 음식을 도입한 동물 진료를 본격적으로 시작한 뒤 지금까지 많은 동물을 진찰하고 반려인과 만나면서 몸의 균형을 무너뜨리는 원인이 무엇인지 밝혀냈습니다. 가장 큰 원인은 화학물질, 병원체, 중금속 등에 의한 체내 오염이었습니다. 배설을 도와주면 고치기 힘든 병도 낫게 할 수 있습니다.

하지만 개마다 다른 특성이 있기 때문에 치료 방법이 백 퍼센트 다 들어맞는 경우는 없습니다. 한 가지를 해결하면 또 새로운 과제가 생기기 마련입니다. 하지만 저는 포기하지 않고 언제까지나 반려인에게 끊임없이 희망을 주는 수의사이고 싶습니다.

우리 병원에서는 진료를 볼 때마다 새로운 발견이 끊이질 않습니다. 새로 알아낸 사실과 더불어 개의 건강과 식사에 관한 다양한 정보를 반려인에게 전하도록 노력하겠습니다. 또 기회가 있다면 새로운 정보를 책으로 정리해서 알리고 싶습니다.

앞으로도 반려견과 반려인 모두 행복해지는 수제 음식 생활을 즐겨보시기 바랍니다. 마지막까지 읽어주셔서 감사합니다.

강아지 영양학 사전

애견의 질병 치료를 위한 음식과 영양소 해설

1판 1쇄 펴낸 날 2018년 6월 27일
1판 6쇄 펴낸 날 2024년 2월 15일

지은이 | 스사키 야스히코
옮긴이 | 박재영

펴낸이 | 박윤태
펴낸곳 | 보누스
등 록 | 2001년 8월 17일 제313-2002-179호
주 소 | 서울시 마포구 동교로12안길 31 보누스 4층
전 화 | 02-333-3114
팩 스 | 02-3143-3254
이메일 | bonus@bonusbook.co.kr

ISBN 978-89-6494-342-7 03490

• 책값은 뒤표지에 있습니다.

Pet's Better Life

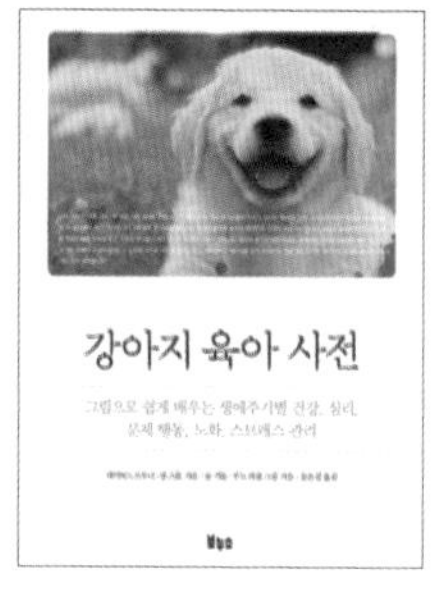

강아지 육아 사전
샘 스톨 외 지음 | 폴 키플 외 그림
문은실 옮김 | 272면

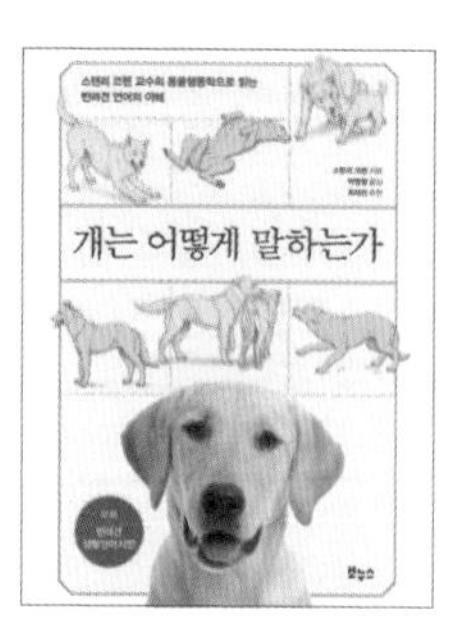

개는 어떻게 말하는가
스탠리 코렌 지음 | 박영철 옮김
최재천 추천 | 392면

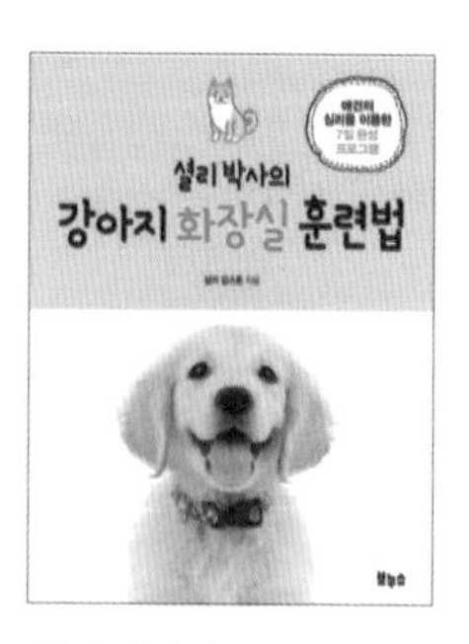

셜리 박사의 강아지 화장실 훈련법
셜리 칼스톤 지음
편집부 옮김 | 144면

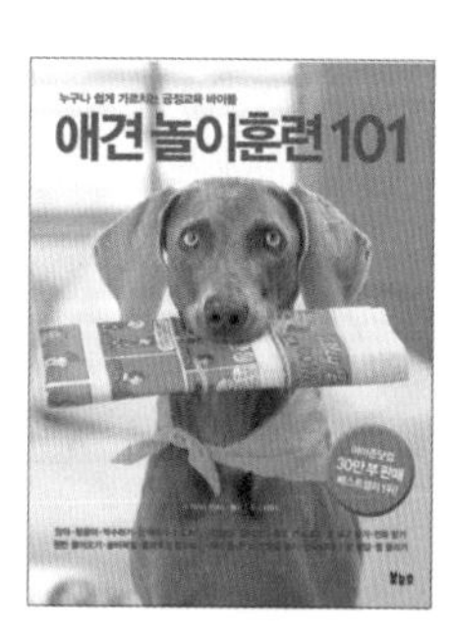

애견 놀이훈련 101
카이라 선댄스 외 지음
김은지 옮김 | 208면

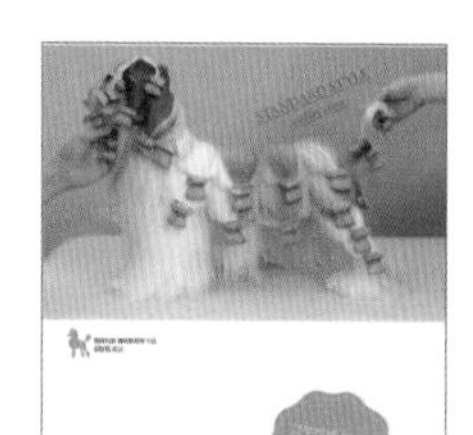

애견 미용 베이직 교본
해피트리머 지음
김민정 옮김 | 156면

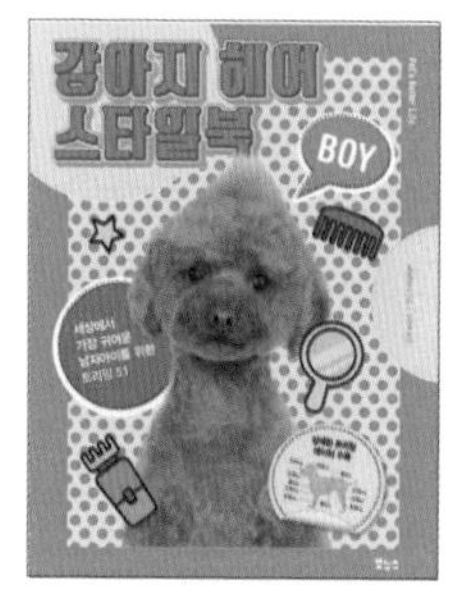

강아지 헤어 스타일북 BOY
세계문화사 편집부 지음
구은혜 옮김 | 96면

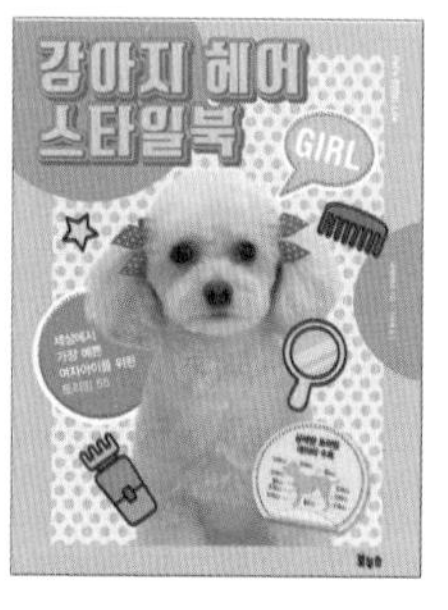

강아지 헤어 스타일북 GIRL
세계문화사 편집부 지음
구은혜 옮김 | 96면

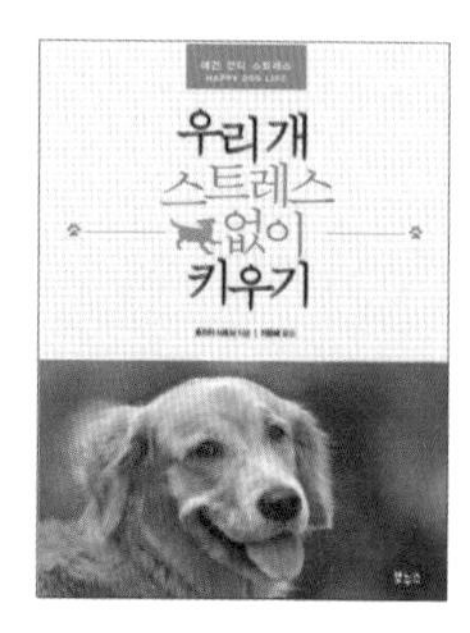

우리 개 스트레스 없이 키우기
후지이 사토시 지음
이윤혜 옮김 | 208면

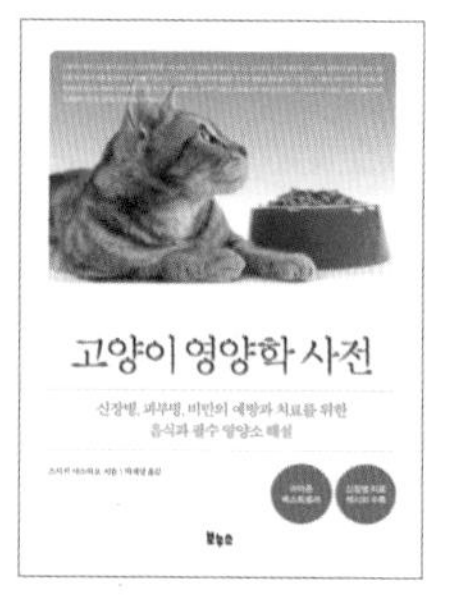

고양이 영양학 사전
스사키 야스히코 지음
박재영 옮김 | 216면

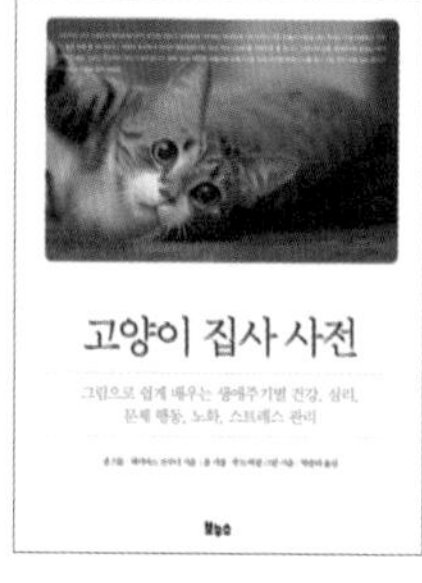

고양이 집사 사전
샘 스톨 외 지음 | 폴 키플 외 그림
박슬라 옮김 | 272면

고양이가 좋아하는 모든 것
아덴 무어 지음 | 조윤경 옮김
192면

강아지를 위한 영양학

강아지 영양학 사전

스사키 야스히코 지음 | 박재영 옮김 | 240면

식재료별 영양 정보와 영양소별 효능을 살펴본다!

- 반려견 건강 체크리스트 44
- 질병의 증상, 원인부터 홈케어 방법, 치료에 효과적인 식재료표까지
- 식재료별 영양 정보 및 영양소별 효능 수록!

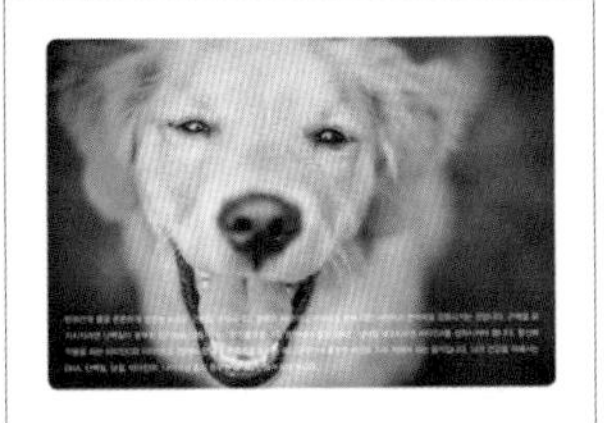

아픈 강아지를 위한 증상별 요리책

스사키 야스히코 지음 | 박재영 옮김 | 240면

음식으로 만성질환과 생활습관병을 물리친다!

- 증상 완화와 질병 치료에 효과적인 영양소 BEST 5
- 생애주기별 및 질병 퇴치 레시피 112
- 실제 반려인이 만든 치료식 레시피 수록!